中国三大粮食作物潜在产量及气候资源利用图集

杨晓光 刘志娟 李少昆 等 著

科学出版社

北京

内 容 简 介

本书以小麦、玉米和水稻三大粮食作物为对象、以作物潜在产量和农业气候资源利用为主线，基于 1981～2017 年逐日气象资料、作物生育期和产量实际资料，采用作物生长模型、数理统计和空间分析相结合的方法，编制了我国三大粮食作物生长季内农业气候资源、作物潜在产量、资源利用效率、作物实际产量、实际产量与光温（雨养）潜在产量之间产量差的空间分布图及时间演变趋势图。

本书内容系统、数据翔实，可供高等院校、科研机构、气象与农业管理部门的科技工作者，以及关注农业气候利用与作物产量提升的有关人员参考。

审图号：GS（2020）3696号

图书在版编目（CIP）数据

中国三大粮食作物潜在产量及气候资源利用图集/杨晓光等著. —北京：科学出版社，2021.3
ISBN 978-7-03-066346-7

Ⅰ. ①中… Ⅱ. ①杨… Ⅲ. ①粮食作物–粮食产量–产量潜力–中国–图集②农业气象–气候资源–资源利用–中国–图集 Ⅳ. ①S51-64②S162.3-64

中国版本图书馆 CIP 数据核字(2020)第 197762 号

责任编辑：李秀伟 / 责任校对：贾伟娟
责任印制：吴兆东 / 封面设计：刘新新

科 学 出 版 社 出版
北京东黄城根北街 16 号
邮政编码：100717
http://www.sciencep.com

北京建宏印刷有限公司 印刷
科学出版社发行 各地新华书店经销
*

2021 年 3 月第 一 版 开本：889×1194 1/16
2021 年 3 月第一次印刷 印张：12 1/2
字数：405 000
定价：198.00 元
(如有印装质量问题，我社负责调换)

主要著者简介

杨晓光，黑龙江省汤原县人，博士，中国农业大学资源与环境学院农业气象系教授，博士生导师。1998 年 7 月在中国农业大学获得农学博士学位。现为中国农业大学"人才培养发展支持计划"——"气候变化对农业影响与适应"高水平创新团队负责人，兼任农业农村部农业防灾减灾专家指导组成员、全国农业气象标准委员会委员。主要从事气候变化对粮食作物影响与适应、农业气象防灾减灾领域研究。发表学术论文 170 余篇，作为第一作者撰写《气候变化对中国种植制度影响研究》、《气候变化对中国东北玉米影响研究》等著作 8 部，担任副主编或参与撰写著作 20 余部。研究成果获国家科技进步奖二等奖 1 项（第 3 完成人）、教育部自然科学奖二等奖 1 项（第 1 完成人）、省部级科技进步奖二等奖等 4 项。

刘志娟，山西省太谷县（现为晋中市太谷区）人，博士，中国农业大学资源与环境学院农业气象系副教授，博士生导师。2013 年 7 月在中国农业大学获得农学博士学位。兼任中国农业资源与区划学会农业灾害风险专业委员会第一届理事会理事。主要从事气候变化和农业气象灾害对玉米生产体系影响与适应研究。承担国家自然科学基金和"十三五"国家重点研发计划项目（课题）2 项，同时参与 973 计划、国家重点研发计划"全球变化及应对"重点专项、国家科技支撑计划、公益性行业（农业）科研专项等研究课题多项。发表学术论文 50 余篇，担任主编、副主编或参与撰写著作 9 部。研究成果获教育部自然科学奖二等奖 1 项（第 2 完成人）。

李少昆，甘肃省张掖市人，博士，中国农业科学院作物科学研究所研究员，博士生导师。1996 年 7 月在中国农业大学获得农学博士学位。现为中国农业科学院作物栽培与生理创新团队首席科学家，兼任全国作物科学首席科学传播专家，全国玉米栽培学组组长，农业农村部玉米科技入户首席专家，国家玉米产业技术体系岗位专家，农业农村部专家指导组副组长，全国农垦专家组副组长、玉米首席专家。主要从事玉米高产栽培生理与精准栽培技术研究。发表 SCI 及中文核心期刊论文 260 余篇，撰写专著 16 部。2005 年以来，获国家科技进步二等奖 4 项（分别为第 1、1、3 和 7 完成人）、国家级教学成果二等奖 1 项（第 1 完成人）、省部级成果奖 15 项，2017 年荣膺首届全国创新争先奖。

本书著者名单

主要著者：杨晓光　刘志娟　李少昆

其他著者（按姓氏笔画排序）：

万能涵	王　静	王晓煜	石延英
叶　清	白　帆	吕　硕	刘　涛
刘子琪	孙　爽	苏正娥	李克南
何　斌	张方亮	张镇涛	陈　曦
赵　锦	侯　鹏	高继卿	郭尔静
黄秋婉	黄晚华	董朝阳	

前　言

随着世界人口的增加、人们生活水平的提高，以及气候变化的影响，粮食生产能力及粮食安全越来越受到广泛重视。中国三大粮食作物单产还有多大的提升空间、作物实际产量与潜在产量之间的产量差到底有多大？气候资源利用效率是多少？如何利用有限的耕地资源生产更多的粮食，这些都已成为学术界和各级管理部门关注的热点问题。

本书是在"十三五"国家重点研发计划项目"粮食作物产量与效率层次差异及其丰产增效机理"（2016YFD0300101）资助下完成的。图集基于光、温、水主要农业气候资源指标和作物生长模型方法，共编制图 146 幅、附表 6 个，包括我国小麦、玉米和水稻三大粮食作物实际生长季内积温、太阳总辐射和降水量农业气候资源，作物潜在产量和高产纪录产量，光、温、水气候资源的利用效率，作物实际产量与潜在产量之间产量差等，以期全面反映 1981～2017 年作物潜在产量及气候资源利用效率的空间分布特征和时间演变趋势，为合理调整种植制度与作物布局、科学制定农业应对气候变化政策提供依据。

希望本书抛砖引玉，为进一步深入开展产量差及缩差途径研究提供参考。但由于研究的阶段性和研究内容本身的复杂性，气候变化背景下作物潜在产量和产量差的定量化及各区域缩差途径的研究和认识还有待不断深入，同时数据整理和图集编著过程中出现不足和疏漏之处在所难免，恳请同行批评指正，以便今后修订完善，更好地为广大读者服务，促进农业气候资源优化利用。

我们特别感谢中国农业科学院作物科学研究所赵明研究员和周文彬研究员、华中农业大学植物科学技术学院彭少兵教授和扬州大学杨建昌教授、山东农业大学农学院王振林教授和中国农业大学农学院王志敏教授，他们在本书编撰过程中提出了大量宝贵的修改建议。

作　者

2020 年 5 月

目　　录

第1章 编 制 说 明

1.1 编 制 目 的

本书以小麦、玉米和水稻三大粮食作物为研究对象，基于1981~2017年中国气象数据网逐日气象资料、中国气象局农业气象观测站作物生育期观测资料及中国统计年鉴各省作物实际产量资料，分析绘制了各作物生长季内光、温、水农业气候资源空间分布特征及年代际演变趋势；采用作物生长模型模拟了作物光温潜在产量（灌溉条件）及雨养潜在产量，在此基础上计算了作物光、温、水资源利用效率；结合作物实际产量，定量了灌溉条件下实际产量与光温潜在产量之间的产量差、雨养条件下实际产量与雨养潜在产量之间的产量差，绘制了产量差（实际产量可提升空间）的时间变化趋势和空间分布特征图；结合作物实际高产纪录，绘制了玉米高产纪录分布特征图。

为方便读者阅读，本章集中介绍书中所涉及的作物种植区域、数据来源、制图指标和计算方法等。

1.2 作物种植区域

本书的研究对象为冬小麦，春玉米和夏玉米，单季稻、双季早稻和双季晚稻，其中，冬小麦、夏玉米、双季早稻和双季晚稻的研究区域为作物实际种植区，春玉米和东北单季稻为作物潜在种植区。

1.2.1 冬小麦种植区

我国冬小麦种植面积和产量均占全国小麦的 90%以上，因此本书重点关注冬小麦。金善宝（1991）依据冬小麦生长发育所需的生态条件及品种分布现状，划分 5 个冬麦区，本书选取其中四大主产区，包括北部冬麦区、黄淮冬麦区、长江中下游冬麦区及西南冬麦区，涵盖辽宁西南部、河北南部、北京、天津、河南、山东、山西南部、陕西南部、甘肃南部和西部、四川东部、云南北部、贵州、重庆、湖北、湖南、江西、安徽、江苏、浙江、福建和上海 21 个省（直辖市）（图 1-1）。

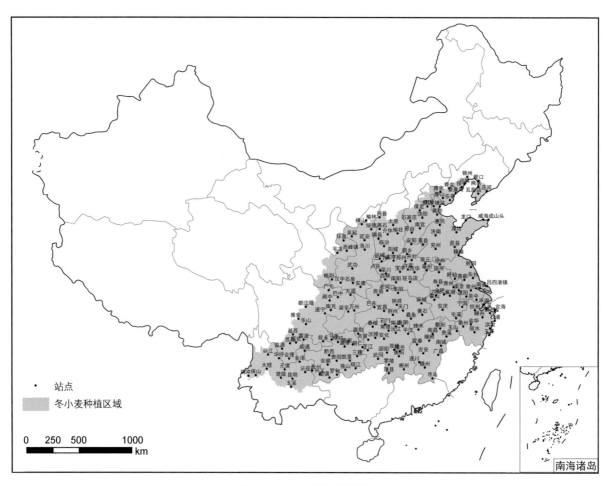

图 1-1　冬小麦种植区域
台湾省资料暂缺

1.2.2　春玉米种植区

　　春玉米种植区域为潜在种植区域。根据龚绍先（1988）对玉米潜在种植区域指标的研究结果，采用 5 日滑动平均法计算 1981～2017 年逐年的 ≥10℃活动积温，将 37 年 80%保证率下 ≥10℃活动积温大于等于 2100℃·d 的站点，作为春玉米潜在种植地区（图 1-2）。黑龙江北部和内蒙古北部等高纬度地区热量资源无法满足玉米需求；青海和西藏海拔高，热量资源不足，难以广泛种植玉米，故不作为春玉米研究区域。

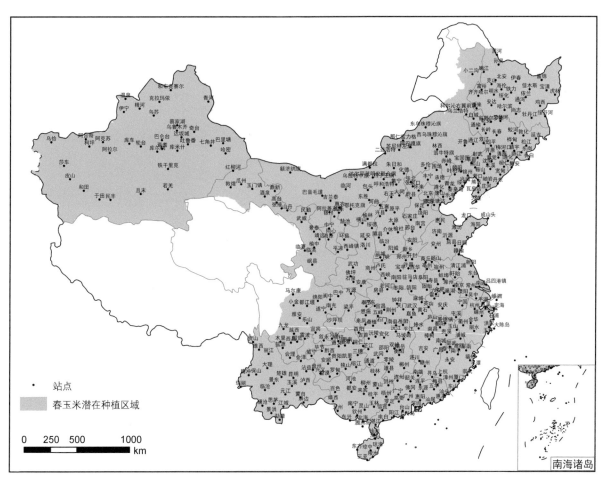

图 1-2　春玉米潜在种植区域
台湾省资料暂缺

1.2.3 黄淮海夏玉米种植区

夏玉米种植区域以黄淮海地区为主，西南夏播玉米和南疆夏播玉米因种植面积小，不在研究范围内。黄淮海夏播玉米区种植制度以冬小麦—夏玉米一年两熟为主，年积温小于 4200℃·d 为夏玉米种植北界（刘巽浩和韩湘玲，1987），包括北京（北部除外）、天津、河北（北部除外）、河南、山东、安徽北部和江苏北部（图 1-3）。该区域玉米产量占全国的 36%。

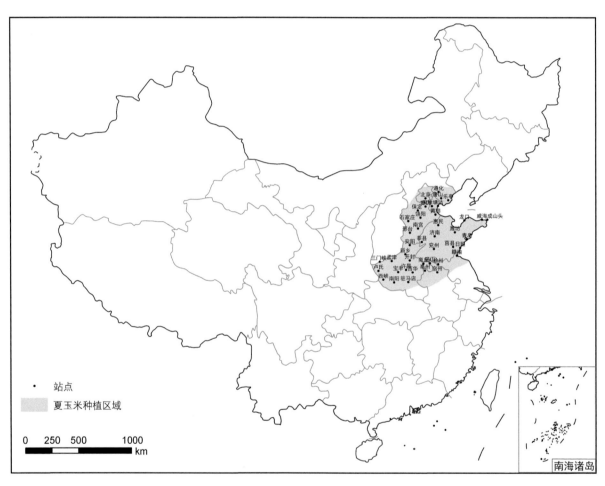

图 1-3　夏玉米种植区域
台湾省资料暂缺

1.2.4 单季稻种植区

　　我国单季稻种植区包括东北寒地水稻区和南方单季稻区（图 1-4），宁夏、新疆等地单季稻也有零星种植，因种植面积小，不在本书研究范围内。

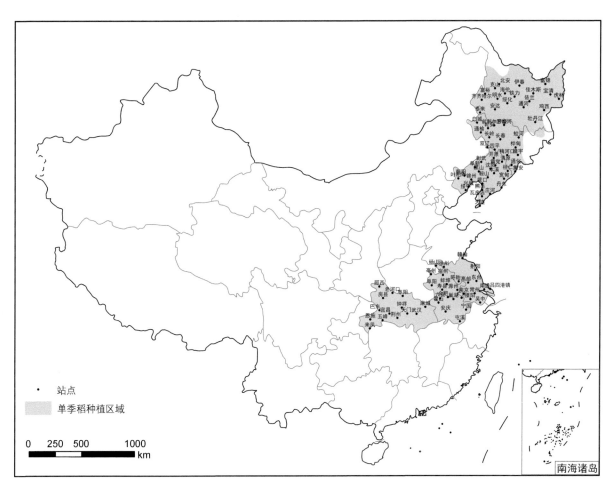

图 1-4　单季稻种植区域
台湾省资料暂缺

　　（1）东北寒地水稻区包括辽宁、吉林和黑龙江。以高亮之先生 1987 年提出的日平均气温稳定通过 10℃的天数≥110 天及日平均气温稳定通过 18℃的天数≥30 天作为安全种植北界指标（中国农林作物气候区划协作组，1987），确定寒地水稻种植区。

　　（2）南方单季稻区包括江苏、安徽、湖北、云南、四川、贵州、重庆及河南信阳等地，但受收集数据所限，本书南方单季稻区仅包括江苏、安徽和湖北 3 个省。

1.2.5 双季稻种植区

我国双季稻种植区主要位于长江中下游及华南地区，包括湖南、江西、浙江、福建、广西、广东和海南 7 个省（自治区）（图 1-5）。

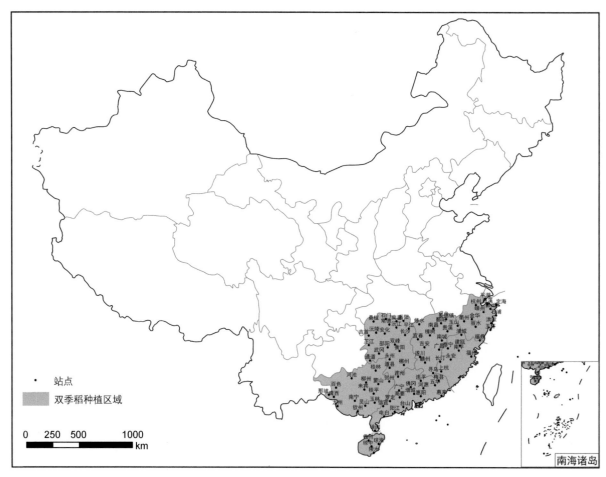

图 1-5　双季稻种植区域
台湾省资料暂缺

1.3　数　据　来　源

1.3.1　气象数据

气象数据来自中国气象数据网（https://data.cma.cn），包括 1981～2017 年逐日气象资料，气象要素有平均气温、日最低温度、日最高温度、降水量、日照时数、平均风速和平均相对湿度。

1.3.2　作物数据

作物数据包括以下三个部分。

（1）农业气象观测站资料：中国气象局农业气象观测站小麦、玉米和水稻田间观测数据，包括作物品种、播种日期、播种密度、播种深度、行距、施肥和灌溉、主要生育期和产量，这些数据主要用于作物生长模型的调参和验证。播种和收获期资料用于确定作物实际生长季，在此基础上分析实际生长季内农业气候资源。

（2）统计年鉴：中国统计年鉴 1981～2017 年作物单产数据，用于分析作物实际产量和产量差的演变趋势及空间分布特征。

（3）中国农业科学院作物科学研究所田间试验：2005～2016 年春玉米和夏玉米高产纪录数据，测产面积为 666.7 m^2。

1.4　制图指标及计算方法

1.4.1　农业气候资源分析指标及计算方法

1. 作物实际生长季确定

作物实际生长季是根据作物每年的实际生育期确定的，本书统一简写为作物生长季。

2. 作物生长季内活动积温计算方法

温度对作物生长发育的影响，包括温度强度和持续时间两个方面，用积温表示（中国农业科学院，1999），书中的积温均指活动积温。

活动积温是某段时期内高于生物学下限温度的日平均温度总和，计算方法如式（1-1）所示：

$$A_a = \sum_{i=1}^{n} T_i \quad (T_i > B; \text{当} T_i < B \text{时，} T_i \text{以 0 计}) \tag{1-1}$$

式中，A_a 为活动积温（℃·d）；n 为该时段内的日数；T_i 为第 i 天的日平均温度；B 为作物的生物学下限温度。玉米和水稻的生物学下限温度为 10℃，小麦的生物学下限温度为 0℃。

3. 太阳总辐射计算方法

太阳辐射是地球大气及地表面物理与生物过程的主要能源，通过光量、光质和光时三个方面影响农业生产（韩湘玲，1999）。基于逐日气象数据，利用 Penman-Monteith 公式（Allen et al.，1998），计算逐日的太阳总辐射，公式如下：

$$d_{ri} = 1 + 0.033\cos\left(\frac{2\pi}{365}J_i\right) \tag{1-2}$$

$$\delta_i = 0.409\sin\left(\frac{2\pi}{365}J_i - 1.39\right) \tag{1-3}$$

$$\omega_{si} = \arccos\left(-\tan\varphi\tan\delta_i\right) \tag{1-4}$$

$$N_i = \frac{24}{\pi}\omega_{si} \tag{1-5}$$

$$R_{ai} = \frac{24\times60}{\pi}G_{sc}d_{ri}\left(\omega_{si}\sin\varphi\sin\delta_i + \cos\varphi\cos\delta_i\sin\omega_{si}\right) \tag{1-6}$$

$$R_{si} = \left(a_s + b_s\frac{n_i}{N_i}\right)R_{ai} \tag{1-7}$$

式中，R_{ai} 为第 i 天的地球外辐射（MJ·m^{-2}·d^{-1}）；G_{sc} 为太阳常数（0.0820 MJ·m^{-2}·min^{-1}）；d_{ri} 为日地相对距离；δ_i 为第 i 天的太阳倾角（rad）；φ 为纬度（rad）；ω_{si} 为第 i 天的日落时角（rad）；J_i 为日序；R_{si} 为第 i 天的太阳总辐射（MJ·m^{-2}·d^{-1}）；n_i 为第 i 天的实际日照时数（h）；N_i 为第 i 天的最大可能日照时数（h）；a_s 和 b_s 为回归常数，采用联合国粮食及农业组织（FAO）推荐值，a_s=0.25，b_s=0.50。

1.4.2 作物潜在产量定义及计算方法

光温潜在产量（potential yield，Y_p）是指作物在良好的生长状况下，不受水分、氮肥限制及病虫害胁迫，采用适宜作物品种获得的产量（Evans and Fischer，1999；Grassini et al.，2009）。光温潜在产量是一个地区某作物在适宜土壤、适宜管理水平条件下由光温条件所决定的产量，为有灌溉条件地区作物产量的上限。雨养潜在产量是指作物在良好的生长状况下，不受氮肥限制及病虫害胁迫，采用适宜作物品种获得的产量。雨养潜在产量是一个地区某作物在适宜土壤、适宜管理水平条件下由光、温、降水条件决定的产量，为没有灌溉条件地区作物产量的上限。利用调参验证后的作物生长模型[APSIM-Wheat、APSIM-Maize 和 ORYZA（V3）]，分别模拟小麦、玉米和水稻种植区域内各点 1981～2017 年逐年光温潜在产量和雨养潜在产量。作物生长模型参数设定如下。

（1）冬小麦：利用 APSIM-Wheat 作物生长模型模拟冬小麦光温潜在产量时，选择农业气象观测站的高产品种，对没有冬小麦作物观测资料的站点，参考同一积温带中相邻站点的冬小麦品种参数。模型参数设置如下：播期按照理论适宜播期设定（王斌等，2012），播种深度为 5 cm，行距为 0.14 m，播种密度为 650 株·m^{-2}。采用模型中自动灌溉模块对冬小麦进行灌溉，即土壤可利用水量低于田间持水量的 80%即进行补充灌溉，使作物生长过程中不受水分限制，同时保证作物整个生长过程中不受氮肥限制。在模拟雨养潜在产量时，水分来源为自然降水，水分模块设置为无灌溉，播期和施肥等设置与模拟光温潜在产量水平一致。

（2）春玉米：利用 APSIM-Maize 作物生长模型模拟春玉米光温潜在产量时，选择农业气象观测站的高产品种，对没有春玉米作物观测资料的站点，参考同一积温带中相邻站点的春玉米品种参数。模型参数设置如下：播期设定为农业气象站的实际播期，播种深度为 5 cm，行距为 0.6 m，播种密度为 90 000 株·hm^{-2}。采用模型中自动灌溉模块对春玉米进行灌溉，当土壤可利用水量低于田间持水量 80%时进行灌溉，以确保作物生长不受水分限制，同时保证作物不受氮肥限制。在模拟雨养潜在产量时，水分来源为降水，水分模块设置为无灌溉，播期和施肥等设置与模拟光温潜在产量水平一致。

（3）夏玉米：利用 APSIM-Maize 作物生长模型模拟夏玉米光温潜在产量时，选择农业气象观测站的高产品种，对没有夏玉米作物观测资料的站点，选用同一积温带中相邻站点的夏玉米品种参数。模型参数设置如下：播期采用该年代的适宜播期，播种深度为 5 cm，行距为 0.5 m，播种密度为 80 000 株·hm^{-2}。采用模型中自动灌溉模块对夏玉米进行灌溉，即土壤可利用水量低于田间持水量的 80%时进行灌溉，以确保作物生长不受水分限制，同时保证作物不受氮肥限制。在模拟雨养潜在产量时，水分来源为降水，水分模块设置为无灌溉，播期和施肥等设置与模拟光温潜在产量水平一致。

（4）单季稻：由于水稻多种植在灌溉条件较好的地区，因此本书中水稻潜在产量仅模拟光温潜在产量。利用 ORYZA（V3）模型模拟单季稻光温潜在产量时，选择农业气象观测站的高产品种，对没有水稻作物观测资料的站点，选用同一积温带中相邻站点的水稻品种参数。在模型中设置水分和养分不受限制，以保证水肥的充分供应。寒地水稻模型参数设置如下：出苗日期采用该年代平均出苗期，移栽期也采用该年代的适宜时期，移栽密度为 30～40 穴·m^{-2}，作物生长过程中不受水、氮限制。

（5）双季早稻和晚稻：利用 ORYZA（V3）模型模拟双季早稻和晚稻的光温潜在产量时，选择农业气象观测站的高产品种，对没有水稻作物观测资料的站点，选用同一积温带中相邻站点的水稻品种参数。在模型中设置水分和养分不受限制，以保证水肥的充分供应。移栽密度为 25～35 穴·m^{-2}。

1.4.3 资源利用效率定义及计算方法

利用作物光温潜在产量、作物生长季内的太阳总辐射和积温，分别计算作物光温潜在产量下的光能利用效率和热量资源利用效率，计算公式如下：

$$RUE = \frac{Y_\mathrm{p}}{\sum Q} \times 0.1 \tag{1-8}$$

$$HUE = \frac{Y_\mathrm{p}}{AAT} \tag{1-9}$$

式中，RUE 为作物生长季内光能利用效率（g·MJ^{-1}）；$\sum Q$ 为作物生长季内太阳总辐射（MJ·m^{-2}）；0.1 为单位转换系数；Y_p 为作物光温潜在产量（kg·hm^{-2}）；HUE 为作物生长季内热量资源利用效率[kg·hm^{-2}·(℃·d)$^{-1}$]；AAT 为作物生长季内积温（℃·d）。

利用作物雨养潜在产量和作物生长季内的实际降水量，计算作物雨养潜在产量下的水分利用效率，计算公式如下：

$$WUE = \frac{Y_\mathrm{r}}{\sum P} \tag{1-10}$$

式中，WUE 为作物生长季内水分利用效率（kg·hm^{-2}·mm^{-1}）；Y_r 为作物雨养潜在产量（kg·hm^{-2}）；$\sum P$ 为作物生长季内总降水量（mm）。

1.4.4 作物产量差定义及计算方法

作物光温（雨养）潜在产量是一个地区作物基于适宜土壤在较高管理水平下由光温（光温降水）条件决定的产量。在特定区域内，光温（雨养）潜在产量即为该地区灌溉（雨养）条件下作物产量的上限。作物实际生产中由于气候、品种、土壤及栽培管理措施等因素的限制，实际产量远远低于当地的作物光温（雨养）潜在产量，即实际产量与作物光温（雨养）潜在产量之间存在产量差（yield gap）。De Datta 于 1981 年首次提出了"产量差"的概念，并将其定义为农民实际收获的作物产量与试验站获得的潜在产量之间的差距，导致这个产量差距的因子为产量限制因子（yield constraint），这是最初的产量差概念。随着研究的逐步深入，产量差研究的内涵逐渐丰富。其中，农户实际产量与作物光温（雨养）潜在产量之间的产量差，是农户实际产量距离当地理论最高产量即潜在产量的差距，是一个地区作物总产量差。本书着重分析我国三大粮食作物总产量差的空间分布特征及时间演变趋势。

1.4.5 气候倾向率定义及其计算方法

在计算气候要素变化趋势时，采用最小二乘法，建立样本（$\hat{x}_t$）与时间（t）的一元线性回归方程，即

$$\hat{x}_t = at + b \quad [t = 1, 2, \cdots, n(a)] \tag{1-11}$$

式中，a 为回归系数，b 为回归常数。

以 $10 \times a$ 作为气候倾向率，单位为某要素单位$\times(10a)^{-1}$，如平均气温，则单位为 $\text{℃} \cdot (10a)^{-1}$。

参 考 文 献

龚绍先. 1988. 粮食作物与气象. 北京: 北京农业大学出版社.

韩湘玲. 1999. 农业气候学. 太原: 山西科学技术出版社.

金善宝. 1991. 中国小麦生态学. 北京: 科学出版社.

刘巽浩, 韩湘玲. 1987. 中国的多熟种植. 北京: 北京农业大学出版社.

王斌, 顾蕴倩, 刘雪, 等. 2012. 中国冬小麦种植区光热资源及其配比的时空演变特征分析. 中国农业科学, 45(2): 228-238.

中国农林作物气候区划协作组. 1987. 中国农林作物气候区划. 北京: 气象出版社.

中国农业科学院. 1999. 中国农业气象学. 北京: 中国农业气象出版社.

Allen R G, Pereira L S, Raes D, et al. 1998. Crop evapotranspiration–guidelines for computing crop water requirement. FAO irrigation and drainage Paper No. 56. Food and Agriculture Organization of the United Nations, Rome.

De Datta S K. 1981. Principles and Practices of Rice Production. New York: Wiley-Interscience Productions.

Evans L T, Fischer R A. 1999. Yield potential: Its definition, measurement, and significance. Crop Science, 39: 1544-1551.

Grassini P, Yang H, Cassman K G. 2009. Limits to maize productivity in Western Corn-Belt: A simulation analysis for fully irrigated and rainfed conditions. Agricultural and Forest Meteorology, 149: 1254-1265.

第 2 章　冬小麦潜在产量及气候资源利用图

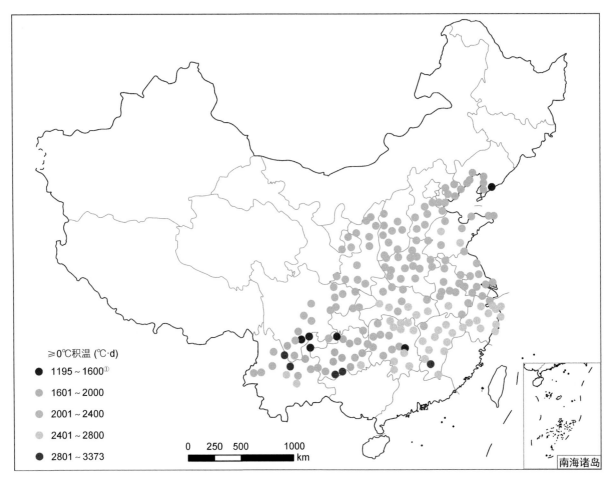

图 2-1 近 37 年冬小麦生长季内≥0℃积温平均值
台湾省资料暂缺

图中圆点代表 1981～2017 年冬小麦生长季内≥0℃积温的平均值，圆点颜色代表积温的高低，越偏向蓝色代表越低，越偏向红色代表越高。

研究区域内冬小麦生长季内≥0℃积温呈明显的纬向分布特征，即由南向北逐渐降低，全区变化范围为 1195～3373℃·d。从各冬麦区的特点来看，长江中下游冬麦区冬小麦生长季内≥0℃积温最高且区域内差异较小，大部分站点为 2401～2800℃·d；西南冬麦区次之但区域内差异较大，大部分区域≥0℃积温为 1601～2400℃·d，云南东北部地区的≥0℃积温低于 1600℃·d，贵州的南部地区≥0℃积温高于 2801℃·d；黄淮冬麦区大部分区域冬小麦生长季内≥0℃积温为 2001～2400℃·d；北部冬麦区冬小麦生长季内≥0℃积温最低，大部分区域冬小麦生长季内≥0℃积温为 1601～2400℃·d，特别是辽宁南部、河北及陕西北部地区冬小麦生长季内≥0℃积温低于 2000℃·d。

---

① 本书图例中的数据，如"1195～1600"，统计上涵盖波浪线前后数值，数据为作图软件自动修约生成。

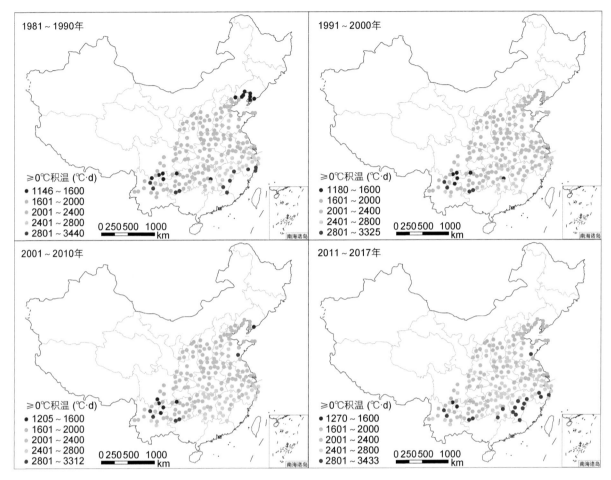

图 2-2　冬小麦生长季内≥0℃积温各年代平均值
台湾省资料暂缺

　　4 张小图分别代表 4 个年代冬小麦生长季内≥0℃积温值，依次为 20 世纪 80 年代（1981～1990 年）和 90 年代（1991～2000 年）、21 世纪前 10 年（2001～2010 年）和 2011～2017 年。图中圆点代表对应年代≥0℃积温的平均值，圆点颜色代表≥0℃积温的高低，越偏向蓝色代表越低，越偏向红色代表越高。

　　研究区域内各年代冬小麦生长季内≥0℃积温均呈明显的纬向分布特征，即由南向北逐渐降低，4 个年代全区变化范围依次为 1146～3440℃·d、1180～3325℃·d、1205～3312℃·d 和 1270～3433℃·d。从各冬麦区不同年间变化特点来看，北部冬麦区冬小麦生长季内≥0℃积温在 20 世纪 80 年代最低，低值区（1146～1600℃·d）主要分布在辽宁南部和河北北部地区，在 2011～2017 年最高；黄淮冬麦区冬小麦生长季内≥0℃积温在 20 世纪 80 年代最低，在 2011～2017 年最高，高值区（2801～3433℃·d）主要分布在山东南部；长江中下游冬麦区冬小麦生长季内≥0℃积温在 20 世纪 90 年代最低，低值区（2001～2400℃·d）主要分布在江苏、安徽、浙江西部及江西北部地区，在 2011～2017 年最高，高值区（2801～3433℃·d）主要分布在江西南部及浙江南部地区；西南冬麦区冬小麦生长季内≥0℃积温年代间差异性最小，其中在 20 世纪 80 年代最低，在 2011～2017 年最高。

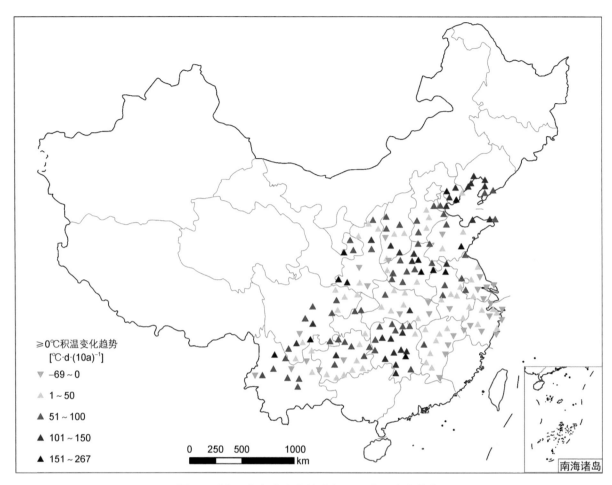

图 2-3 近 37 年冬小麦生长季内 ≥0℃积温变化趋势

台湾省资料暂缺

    图中三角形代表近 37 年（1981～2017 年）冬小麦生长季内 ≥0℃积温变化趋势，上三角表示升高趋势，下三角表示降低趋势，三角形颜色代表 ≥0℃积温变化速率，越偏向红色代表升高越快。

    近 37 年研究区域内冬小麦生长季内 ≥0℃积温整体呈升高趋势，全区变化范围为 –69～267℃·d·(10a)$^{-1}$。从各冬麦区的特点来看，北部冬麦区大部分站点冬小麦生长季内 ≥0℃积温趋势变化范围为 1～100℃·d·(10a)$^{-1}$，其中辽宁南部及河北北部地区 ≥0℃积温升高速率较快；黄淮冬麦区大部分站点冬小麦生长季内 ≥0℃积温趋势变化范围为 51～150℃·d·(10a)$^{-1}$，且区域内差异较大，高值区主要分布在河南中部地区；长江中下游冬麦区大部分站点冬小麦生长季内 ≥0℃积温趋势变化范围为 –69～50℃·d·(10a)$^{-1}$，其中江苏南部、浙江东部及江西东部地区冬小麦生长季内 ≥0℃积温呈降低趋势；西南冬麦区大部分站点冬小麦生长季内 ≥0℃积温趋势变化范围为 1～100℃·d·(10a)$^{-1}$，其中升高速率较快的区域主要分布在湖南南部地区。

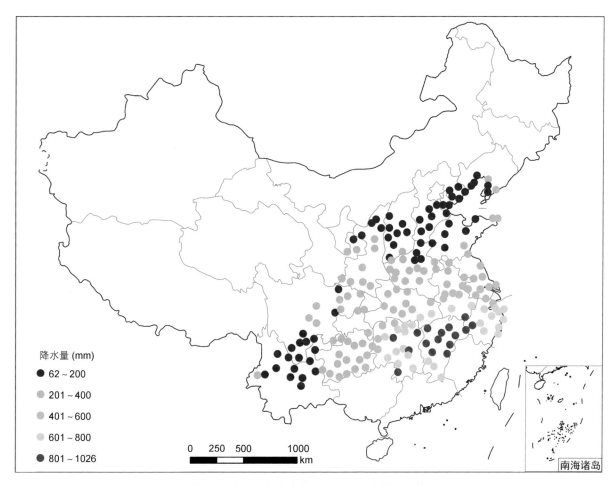

图 2-4　近 37 年冬小麦生长季内降水量平均值
台湾省资料暂缺

　　图中圆点代表 1981～2017 年冬小麦生长季内降水量的平均值，圆点颜色代表降水量的多少，越偏向蓝色代表越少，越偏向红色代表越多。

　　研究区域内冬小麦生长季内降水量呈明显的纬向分布特征，即由南向北逐渐减少，全区变化范围为 62～1026 mm。从各冬麦区的特点来看，北部冬麦区冬小麦生长季内降水量最少且区域内差异较小，大部分站点降水量集中在 62～200 mm；黄淮冬麦区大部分站点降水量集中在 201～400 mm，且区域内部差异较小；长江中下游冬麦区冬小麦生长季内降水量最多且区域内差异较大，大部分站点降水量为 601～1026 mm，降水量高值区（801～1026 mm）主要分布在江西北部；西南冬麦区大部分降水量集中在 201～400 mm，且区域内部差异较大。

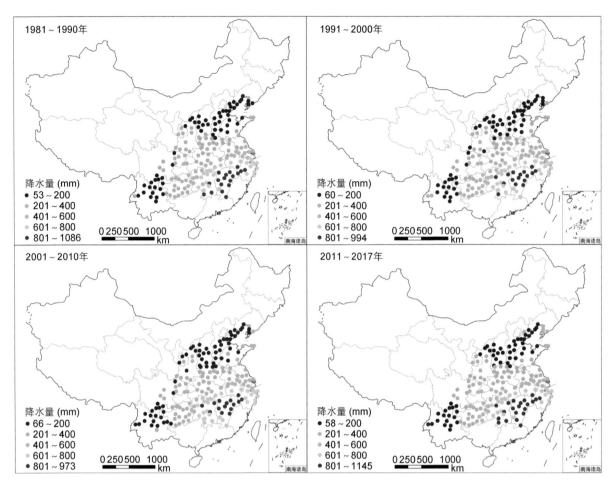

图 2-5 冬小麦生长季内降水量各年代平均值
台湾省资料暂缺

4 张小图分别代表 4 个年代冬小麦生长季内降水量，依次为 20 世纪 80 年代（1981～1990 年）和 90 年代（1991～2000 年）、21 世纪前 10 年（2001～2010 年）和 2011～2017 年。图中圆点代表对应年代降水量的平均值，圆点颜色代表降水量的多少，越偏向蓝色代表越少，越偏向红色代表越多。

研究区域内不同年代间冬小麦生长季内降水量均呈明显的纬向分布特征，即由南向北逐渐降低，4 个年代全区变化范围依次为 53～1086 mm、60～994 mm、66～973 mm 和 58～1145 mm。从各冬麦区各年代变化特点来看，北部冬麦区冬小麦生长季内降水量年代间差异较小，在 20 世纪 90 年代最低，2011～2017 年最高；黄淮冬麦区冬小麦生长季内降水量年代间差异较小，在 21 世纪前 10 年最低，2011～2017 年最高；长江中下游冬麦区冬小麦生长季内降水量在 21 世纪前 10 年最低，2011～2017 年最高；西南冬麦区冬小麦生长季内降水量年代间差异性较小，其中在 20 世纪 80 年代最低，2011～2017 年最高。

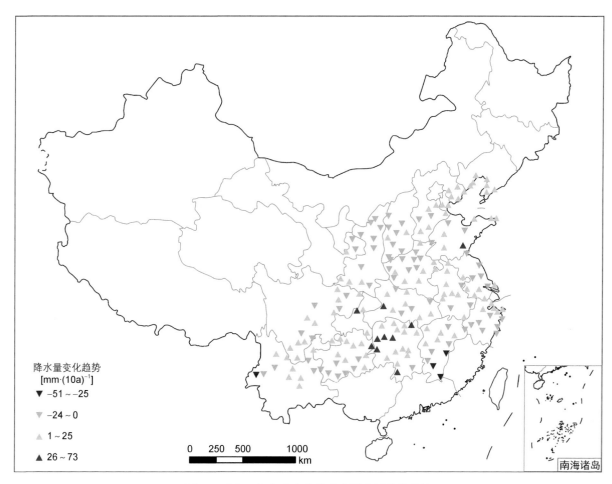

图 2-6　近 37 年冬小麦生长季内降水量变化趋势
台湾省资料暂缺

　　图中三角形代表近 37 年（1981~2017 年）冬小麦生长季内降水量变化趋势，上三角表示增加趋势，下三角表示减少趋势，三角形颜色代表降水量变化速率，越偏向蓝色代表减少越快，越偏向红色代表增加越快。

　　近 37 年研究区域内冬小麦生长季内降水量趋势变化范围为-51~73 mm·(10a)$^{-1}$。从各冬麦区的特点来看，北部冬麦区冬小麦生长季内降水量趋势变化范围为-24~25 mm·(10a)$^{-1}$，其中，辽宁南部及河北北部地区降水量呈增加趋势，趋势变化范围为 1~25 mm·(10a)$^{-1}$，山西中部和陕西北部降水量整体呈减少趋势，趋势变化范围为-24~0 mm·(10a)$^{-1}$；黄淮冬麦区大部分站点冬小麦生长季内降水量趋势变化范围为-24~25 mm·(10a)$^{-1}$，整体呈增加趋势，增加趋势最明显的区域主要分布在山东南部地区；长江中下游冬麦区冬小麦生长季内降水量整体呈增加趋势，趋势变化范围为-51~25 mm·(10a)$^{-1}$，其中江苏东部、浙江南部及江西东部和南部地区冬小麦生长季内降水量呈减少趋势，且江西南部地区减少趋势最明显，趋势变化范围为-51~-25 mm·(10a)$^{-1}$；西南冬麦区冬小麦生长季内降水量整体呈增加趋势，在 4 个冬麦区中增加趋势最明显，降水量趋势变化范围为-51~73 mm·(10a)$^{-1}$，其中增加速率较快的区域主要分布在湖南西部地区，趋势变化范围为 26~73 mm·(10a)$^{-1}$。

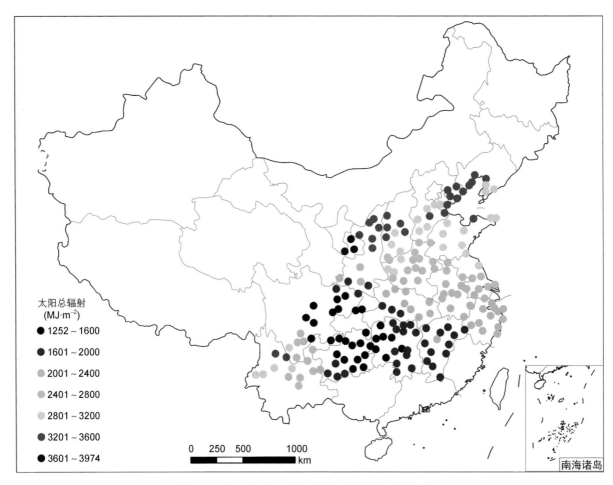

图 2-7　近 37 年冬小麦生长季内太阳总辐射平均值
台湾省资料暂缺

　　图中圆点代表 1981～2017 年冬小麦生长季内太阳总辐射的平均值,圆点颜色代表太阳总辐射的高低,
越偏向蓝色代表越低,越偏向红色代表越高。

　　研究区域内冬小麦生长季内太阳总辐射整体呈纬向分布特征, 由南向北逐渐增加, 全区变化范围为
1252～3974 MJ·m^{-2}。从各冬麦区的特点来看, 北部冬麦区冬小麦生长季内太阳总辐射最高, 大部分站点
太阳总辐射集中在 3201～3600 MJ·m^{-2}；黄淮冬麦区冬小麦生长季内太阳总辐射次之, 大部分站点太阳总辐
射集中在 2401～3200 MJ·m^{-2}；长江中下游冬麦区冬小麦生长季内太阳总辐射集中在 1601～2800 MJ·m^{-2},
低值区主要分布在江西, 太阳总辐射集中在 1601～2000 MJ·m^{-2}；西南冬麦区大部分站点冬小麦生长季内
太阳总辐射集中在 1252～1600 MJ·m^{-2}, 且区域差异显著, 云南北部地区太阳总辐射较高, 集中在 2401～
3600 MJ·m^{-2}。

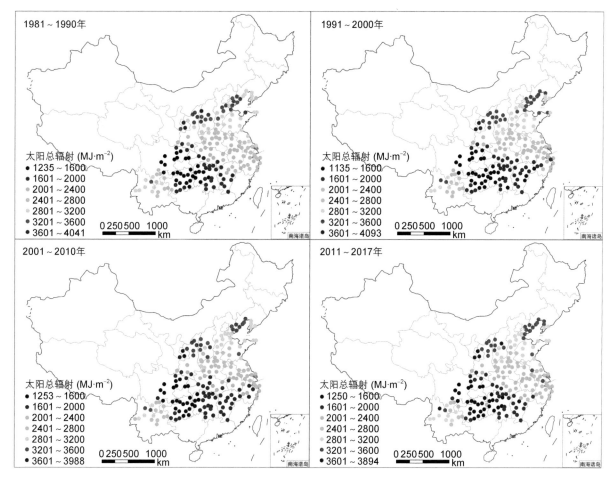

图 2-8　冬小麦生长季内太阳总辐射各年代平均值
台湾省资料暂缺

　　4 张小图分别代表 4 个年代冬小麦生长季内太阳总辐射，依次为 20 世纪 80 年代（1981～1990 年）
和 90 年代（1991～2000 年）、21 世纪前 10 年（2001～2010 年）和 2011～2017 年。图中圆点代表对应年
代太阳总辐射的平均值，圆点颜色代表太阳总辐射的高低，越偏向蓝色代表越低，越偏向红色代表越高。

　　研究区域内不同年代间冬小麦生长季内太阳总辐射均呈纬向分布特征，由南向北逐渐升高，4 个年代全
区变化范围依次为 1235～4041 MJ·m^{-2}、1135～4093 MJ·m^{-2}、1253～3988 MJ·m^{-2} 和 1250～3894 MJ·m^{-2}。从
各冬麦区不同年代间变化特点来看，北部冬麦区冬小麦生长季内太阳总辐射在 21 世纪前 10 年最低，在
20 世纪 90 年代最高；黄淮冬麦区冬小麦生长季内太阳总辐射在 21 世纪前 10 年最低，在 20 世纪 80 年代
最高；长江中下游冬麦区冬小麦生长季内太阳总辐射在 21 世纪前 10 年最低，在 20 世纪 80 年代最高；
西南冬麦区冬小麦生长季内太阳总辐射在 20 世纪 90 年代最低，在 2011～2017 年最高。

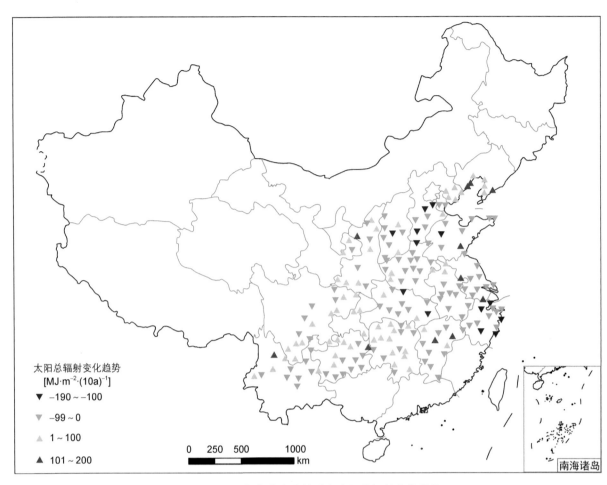

图 2-9　近 37 年冬小麦生长季内太阳总辐射变化趋势
台湾省资料暂缺

　　图中三角形代表近 37 年（1981～2017 年）冬小麦生长季内太阳总辐射变化趋势，上三角表示增加趋势，下三角表示减少趋势，三角形颜色代表太阳总辐射变化速率，越偏向蓝色代表减少越快，越偏向红色代表增加越快。

　　近 37 年研究区域内冬小麦生长季内太阳总辐射整体呈减少趋势，全区变化趋势范围为 -190～200 MJ·m^{-2}·(10a)$^{-1}$。从各冬麦区的特点来看，北部冬麦区大部分站点冬小麦生长季内太阳总辐射变化趋势范围为 -99～100 MJ·m^{-2}·(10a)$^{-1}$，其中辽宁南部及河北东北部地区太阳总辐射呈增加趋势；黄淮冬麦区冬小麦生长季内太阳总辐射整体呈减少趋势，大部分站点太阳总辐射变化趋势范围为 -99～0 MJ·m^{-2}·(10a)$^{-1}$，减少趋势最明显的区域主要分布在山东西北部及河北南部地区；长江中下游冬麦区冬小麦生长季内太阳总辐射整体呈减少趋势，大部分站点太阳总辐射变化趋势范围为 -99～0 MJ·m^{-2}·(10a)$^{-1}$，减少趋势最明显的区域主要分布在浙江；西南冬麦区冬小麦生长季内太阳总辐射整体呈增加趋势，全区大部分站点太阳总辐射变化趋势范围为 -99～100 MJ·m^{-2}·(10a)$^{-1}$。

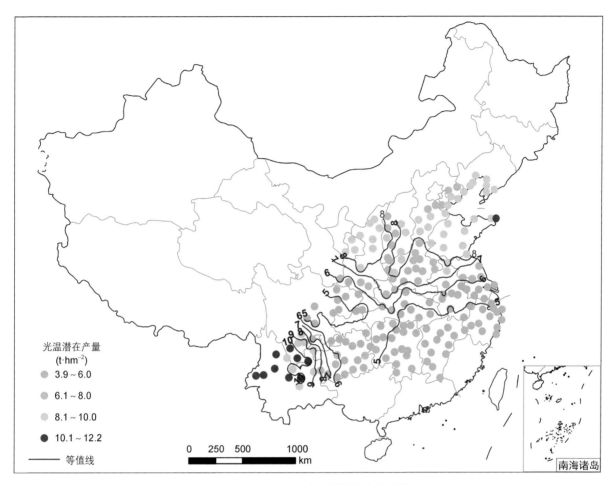

图 2-10　近 37 年冬小麦光温潜在产量平均值
台湾省资料暂缺

　　图中圆点代表近 37 年（1981～2017 年）冬小麦光温潜在产量的平均值，圆点颜色代表光温潜在产量的高低，越偏向蓝色代表越低，越偏向红色代表越高。紫色的曲线代表产量等值线，线两端的数字为该等值线对应的产量。

　　研究区域内冬小麦光温潜在产量整体呈东北和西南高、东南低的分布特征，全区变化范围为 3.9～12.2 t·hm^{-2}。从各冬麦区的特点来看，北部冬麦区和黄淮冬麦区冬小麦光温潜在产量较高，大部分站点产量集中在 8.1～10.0 t·hm^{-2}；长江中下游冬麦区冬小麦光温潜在产量最低，大部分站点产量集中在 3.9～6.0 t·hm^{-2}；西南冬麦区大部分站点冬小麦光温潜在产量集中在 3.9～6.0 t·hm^{-2}，仅西南部冬小麦光温潜在产量较高，部分地区产量达到 10.1 t·hm^{-2} 以上。

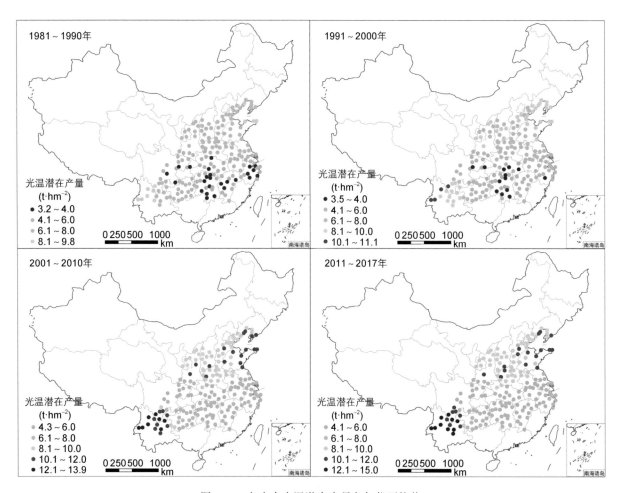

图 2-11　冬小麦光温潜在产量各年代平均值
台湾省资料暂缺

　　4 张小图分别代表 4 个年代冬小麦光温潜在产量年代平均值，依次为 20 世纪 80 年代（1981～1990 年）和 90 年代（1991～2000 年）、21 世纪前 10 年（2001～2010 年）和 2011～2017 年。图中圆点代表对应年代光温潜在产量的平均值，圆点颜色代表光温潜在产量的高低，越偏向蓝色代表越低，越偏向红色代表越高。

　　总体而言，研究区域内冬小麦光温潜在产量随年代增加呈提高趋势，4 个年代变化范围依次为 3.2～9.8 t·hm^{-2}、3.5～11.1 t·hm^{-2}、4.3～13.9 t·hm^{-2} 和 4.1～15.0 t·hm^{-2}。从各冬麦区不同年代变化特点来看，北部冬麦区冬小麦光温潜在产量在 20 世纪 80 年代最低，大部分站点产量集中在 6.1～8.0 t·hm^{-2}，随年代增加，到 2001 年之后该区域冬小麦产量最高值分布在辽宁南部，达到了 10.1 t·hm^{-2} 以上；黄淮冬麦区冬小麦光温潜在产量在 20 世纪 80 年代最低，大部分站点产量集中在 6.1～8.0 t·hm^{-2}，随年代增加，到 2001 年之后该区域冬小麦产量最高值达到了 10.1 t·hm^{-2} 以上，主要分布在山东；长江中下游冬麦区冬小麦光温潜在产量在 20 世纪 80 年代最低，大部分站点产量集中在 3.2～6.0 t·hm^{-2}，随年代增加，到 2001 年之后该区域大部分站点冬小麦产量集中在 4.3～6.0 t·hm^{-2}；西南冬麦区冬小麦光温潜在产量在 20 世纪 80 年代最低，随年代增加，到 2001 年之后该区域冬小麦产量最高值达到了 12.1 t·hm^{-2} 以上，主要分布在云南北部地区。

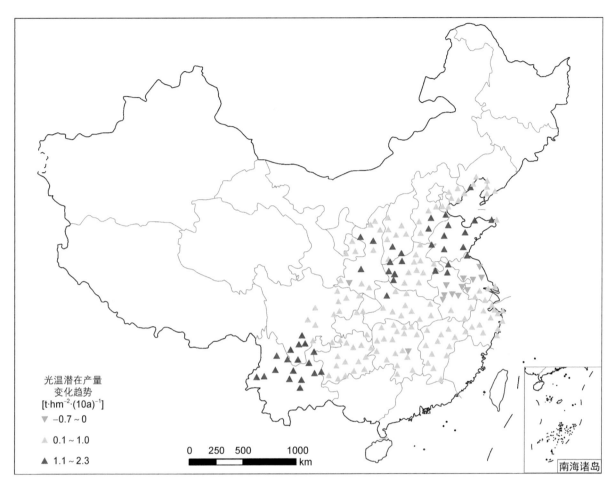

光温潜在产量
变化趋势
[t·hm⁻²·(10a)⁻¹]

▽ −0.7 ~ 0

▲ 0.1 ~ 1.0

▲ 1.1 ~ 2.3

0　250　500　　　1000
km

南海诸岛

图 2-12　近 37 年冬小麦光温潜在产量变化趋势

台湾省资料暂缺

　　图中三角形代表近 37 年（1981～2017 年）冬小麦光温潜在产量变化趋势，上三角表示提高趋势，下三角表示降低趋势，三角形颜色代表产量变化速率，越偏向红色代表提高越快。

　　近 37 年研究区域内冬小麦光温潜在产量整体呈提高趋势，全区变化趋势范围为–0.7～2.3 t·hm⁻²·(10a)⁻¹。从各冬麦区的特点来看，北部冬麦区大部分站点冬小麦光温潜在产量变化趋势范围为 0.1～1.0 t·hm⁻²·(10a)⁻¹；黄淮冬麦区大部分站点冬小麦光温潜在产量变化趋势范围为 0.1～2.3 t·hm⁻²·(10a)⁻¹，提高趋势较明显的区域主要分布在山东和河南西部；长江中下游冬麦区大部分站点冬小麦光温潜在产量变化趋势范围为–0.7～1.0 t·hm⁻²·(10a)⁻¹，其中区域北部地区冬小麦光温潜在产量呈降低趋势；西南冬麦区大部分站点冬小麦光温潜在产量变化趋势范围为 0.1～2.3 t·hm⁻²·(10a)⁻¹，提高趋势较明显的区域主要分布在云南北部地区。

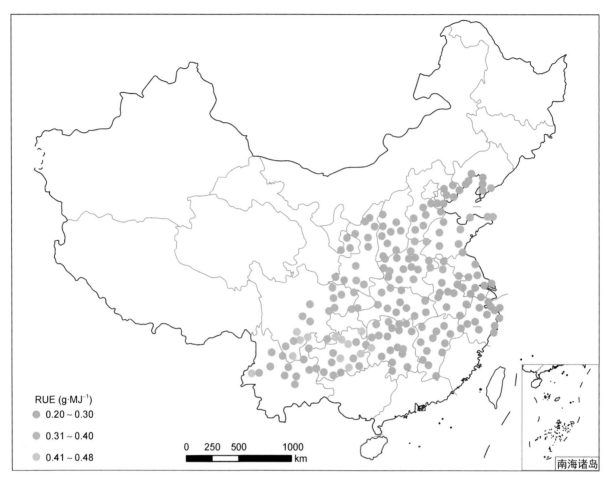

图 2-13　近 37 年冬小麦光温潜在产量下光能利用效率平均值

台湾省资料暂缺

　　图中圆点代表 1981～2017 年冬小麦光温潜在产量下光能利用效率的平均值，圆点颜色代表光能利用效率的高低，越偏向蓝色代表越低，越偏向红色代表越高。

　　研究区域内冬小麦光温潜在产量下光能利用效率呈西高东低的分布特征，全区变化范围为 0.20～0.48 g·MJ^{-1}。从各冬麦区的特点来看，北部冬麦区和长江中下游冬麦区光能利用效率较低，大部分站点光能利用效率集中在 0.20～0.30 g·MJ^{-1}；黄淮冬麦区光能利用效率次之，大部分站点光能利用效率集中在 0.20～0.40 g·MJ^{-1}；西南冬麦区光能利用效率最高，大部分站点光能利用效率集中在 0.31～0.48 g·MJ^{-1}，四川和贵州部分地区可达 0.41～0.48 g·MJ^{-1}。

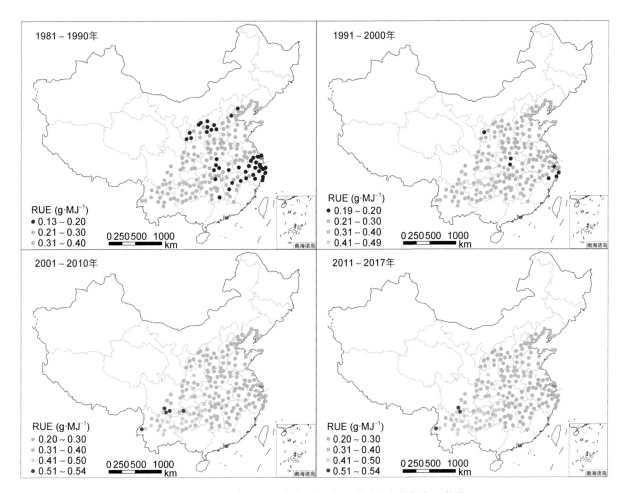

图 2-14　冬小麦光温潜在产量下光能利用效率各年代平均值
台湾省资料暂缺

　　4 张小图分别代表 4 个年代冬小麦光温潜在产量下光能利用效率年代平均值，依次为 20 世纪 80 年代（1981～1990 年）和 90 年代（1991～2000 年）、21 世纪前 10 年（2001～2010 年）和 2011～2017 年。图中圆点代表对应年代光温潜在产量下光能利用效率的平均值，圆点颜色代表光能利用效率的高低，越偏向蓝色代表越低，越偏向红色代表越高。

　　总体而言，研究区域内冬小麦光能利用效率随年代增加呈提高趋势，4 个年代全区变化范围依次为 0.13～0.40 g·MJ^{-1}、0.19～0.49 g·MJ^{-1}、0.20～0.54 g·MJ^{-1} 和 0.20～0.54 g·MJ^{-1}。从各冬麦区不同年代变化特点来看，北部冬麦区冬小麦光能利用效率在 20 世纪 80 年代最低，大部分站点集中在 0.13～0.30 g·MJ^{-1}，到 2001 年之后冬小麦光能利用效率最大值达到 0.31 g·MJ^{-1} 以上；黄淮冬麦区冬小麦光能利用效率在 20 世纪 80 年代最低，大部分站点集中在 0.21～0.30 g·MJ^{-1}，到 2001 年之后，大部分站点冬小麦光能利用效率集中在 0.31～0.40 g·MJ^{-1}；长江中下游冬麦区冬小麦光能利用效率在 20 世纪 80 年代最低，大部分站点集中在 0.13～0.30 g·MJ^{-1}，到 2001 年之后，大部分站点冬小麦光能利用效率集中在 0.20～0.30 g·MJ^{-1}；西南冬麦区冬小麦光能利用效率在 20 世纪 80 年代最低，大部分站点集中在 0.21～0.40 g·MJ^{-1}，2001 年之后，大部分站点光能利用效率集中在 0.41～0.50 g·MJ^{-1}，四川南部部分地区最大可达到 0.51 g·MJ^{-1} 以上。

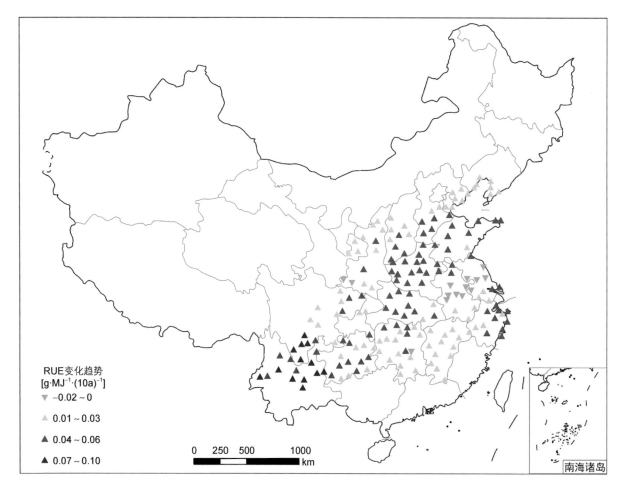

图 2-15　近 37 年冬小麦光温潜在产量下光能利用效率变化趋势

台湾省资料暂缺

　　图中三角形代表近 37 年（1981～2017 年）冬小麦光温潜在产量下光能利用效率的变化趋势，上三角表示提高趋势，下三角表示降低趋势，三角形颜色代表光能利用效率的变化速率，越偏向红色代表提高越快。

　　近 37 年研究区域内冬小麦光温潜在产量下光能利用效率整体呈提高的趋势，全区变化趋势范围为 –0.02～0.10 g·MJ^{-1}·(10a)$^{-1}$。从各冬麦区的特点来看，北部冬麦区大部分站点冬小麦光能利用效率变化趋势范围为 0.01～0.03 g·MJ^{-1}·(10a)$^{-1}$；黄淮冬麦区大部分站点冬小麦光能利用效率变化趋势范围为 0.04～0.06 g·MJ^{-1}·(10a)$^{-1}$，提高趋势较明显的区域主要分布在河北南部、山东和河南；长江中下游冬麦区大部分站点冬小麦光能利用效率变化趋势范围为 –0.02～0.06 g·MJ^{-1}·(10a)$^{-1}$，其中区域北部地区冬小麦光能利用效率呈降低趋势，提高趋势较明显的区域主要分布在浙江东部；西南冬麦区大部分站点冬小麦光能利用效率变化趋势范围为 0.01～0.10 g·MJ^{-1}·(10a)$^{-1}$，提高趋势较明显的区域主要分布在四川南部和云南北部地区。

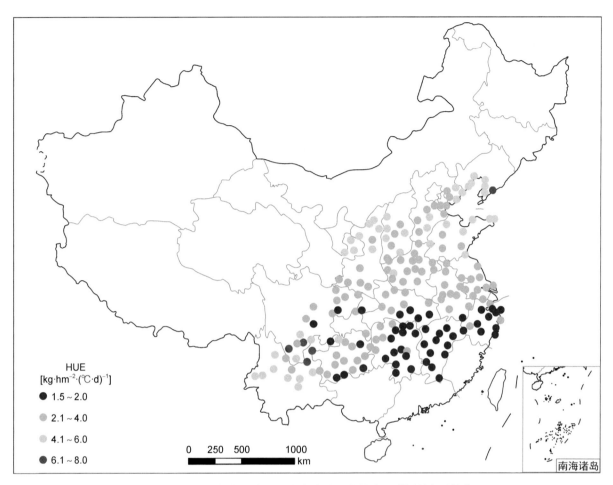

图 2-16　近 37 年冬小麦光温潜在产量下热量资源利用效率平均值
台湾省资料暂缺

　　图中圆点代表 1981～2017 年冬小麦光温潜在产量下热量资源利用效率的平均值，圆点颜色代表热量资源利用效率的高低，越偏向蓝色代表越低，越偏向红色代表越高。

　　研究区域内冬小麦光温潜在产量下热量资源利用效率呈东北和西南高、东南低的分布特征，全区变化范围为 1.5～8.0 kg·hm^{-2}·(℃·d)$^{-1}$。从各冬麦区的特点来看，北部冬麦区热量资源利用效率较高，大部分站点热量资源利用效率集中在 2.1～6.0 kg·hm^{-2}·(℃·d)$^{-1}$；黄淮冬麦区大部分站点热量资源利用效率集中在 2.1～4.0 kg·hm^{-2}·(℃·d)$^{-1}$；长江中下游冬麦区热量资源利用效率最低，区域内数值集中在 1.5～4.0 kg·hm^{-2}·(℃·d)$^{-1}$，浙江、江西、湖北东南部和湖南东部地区热量资源利用效率较低，数值集中在 1.5～2.0 kg·hm^{-2}·(℃·d)$^{-1}$；西南冬麦区热量资源利用效率较高，大部分站点热量资源利用效率集中在 2.1～8.0 kg·hm^{-2}·(℃·d)$^{-1}$，四川和云南部分地区热量资源利用效率可达 6.1 kg·hm^{-2}·(℃·d)$^{-1}$ 以上。

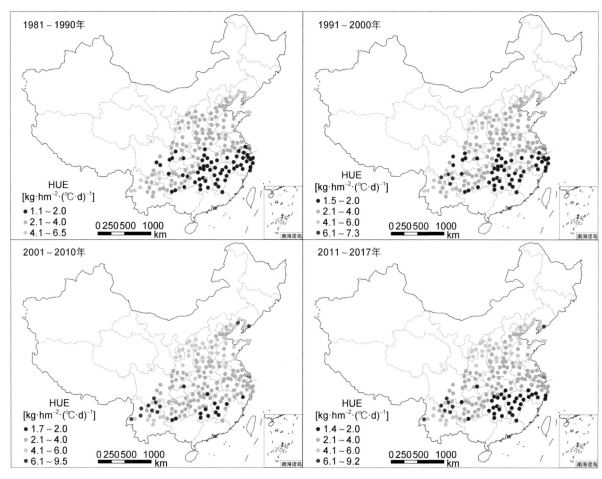

图 2-17 冬小麦光温潜在产量下热量资源利用效率各年代平均值

台湾省资料暂缺

    4 张小图分别代表 4 个年代冬小麦光温潜在产量下热量资源利用效率年代平均值，依次为 20 世纪 80 年代（1981～1990 年）和 90 年代（1991～2000 年）、21 世纪前 10 年（2001～2010 年）和 2011～2017 年。图中圆点代表对应年代光温潜在产量下热量资源利用效率的平均值，圆点颜色代表热量资源利用效率的高低，越偏向蓝色代表越低，越偏向红色代表越高。

    总体而言，研究区域内冬小麦热量资源利用效率随年代增加呈提高趋势，4 个年代全区变化范围依次为 1.1～6.5 kg·hm^{-2}·(℃·d)$^{-1}$、1.5～7.3 kg·hm^{-2}·(℃·d)$^{-1}$、1.7～9.5 kg·hm^{-2}·(℃·d)$^{-1}$ 和 1.4～9.2 kg·hm^{-2}·(℃·d)$^{-1}$。从各冬麦区年代间变化特点来看，北部冬麦区冬小麦热量资源利用效率 20 世纪 80 年代最低，大部分站点集中在 2.1～4.0 kg·hm^{-2}·(℃·d)$^{-1}$，90 年代集中在 4.1～6.0 kg·hm^{-2}·(℃·d)$^{-1}$；黄淮冬麦区冬小麦热量资源利用效率 20 世纪 80 年代最低，大部分集中在 2.1～4.0 kg·hm^{-2}·(℃·d)$^{-1}$，21 世纪前 10 年大部分集中在 4.1～6.0 kg·hm^{-2}·(℃·d)$^{-1}$；长江中下游冬麦区冬小麦热量资源利用效率 20 世纪 80 年代最低，大部分站点集中在 1.1～2.0 kg·hm^{-2}·(℃·d)$^{-1}$，21 世纪前 10 年达到最大，大部分集中在 2.1～4.0 kg·hm^{-2}·(℃·d)$^{-1}$；西南冬麦区冬小麦热量资源利用效率 20 世纪 80 年代最低，大部分站点集中在 1.1～4.0 kg·hm^{-2}·(℃·d)$^{-1}$，90 年代四川南部及云南北部部分地区最大值达到 6.1 kg·hm^{-2}·(℃·d)$^{-1}$ 以上，21 世纪前 10 年达到最大。

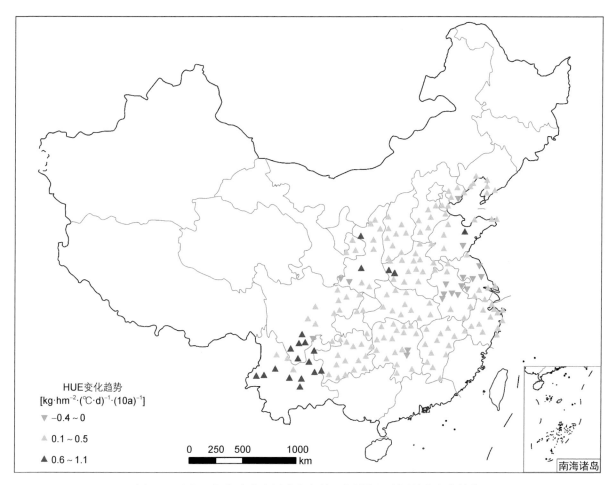

图 2-18　近 37 年冬小麦光温潜在产量下热量资源利用效率变化趋势
台湾省资料暂缺

　　图中三角形代表近 37 年（1981～2017 年）冬小麦光温潜在产量下热量资源利用效率的变化趋势，上三角表示提高趋势，下三角表示降低趋势，三角形颜色代表热量资源利用效率的变化速率，越偏向红色代表提高越快。

　　近 37 年研究区域内冬小麦光温潜在产量下热量资源利用效率整体呈提高趋势，全区变化趋势范围为 $-0.4 \sim 1.1 \ \mathrm{kg \cdot hm^{-2} \cdot (^\circ C \cdot d)^{-1} \cdot (10a)^{-1}}$。从各冬麦区的特点来看，北部冬麦区和黄淮冬麦区大部分站点冬小麦热量资源利用效率变化趋势范围为 $0.1 \sim 0.5 \ \mathrm{kg \cdot hm^{-2} \cdot (^\circ C \cdot d)^{-1} \cdot (10a)^{-1}}$；长江中下游冬麦区冬小麦热量资源利用效率变化范围为 $-0.4 \sim 0.5 \ \mathrm{kg \cdot hm^{-2} \cdot (^\circ C \cdot d)^{-1} \cdot (10a)^{-1}}$，其中区域北部地区如江苏南部和安徽中部地区冬小麦热量资源利用效率呈降低趋势；西南冬麦区大部分站点冬小麦热量资源利用效率变化趋势范围为 $0.1 \sim 1.1 \ \mathrm{kg \cdot hm^{-2} \cdot (^\circ C \cdot d)^{-1} \cdot (10a)^{-1}}$，提高趋势较明显的区域主要分布在四川南部和云南北部地区。

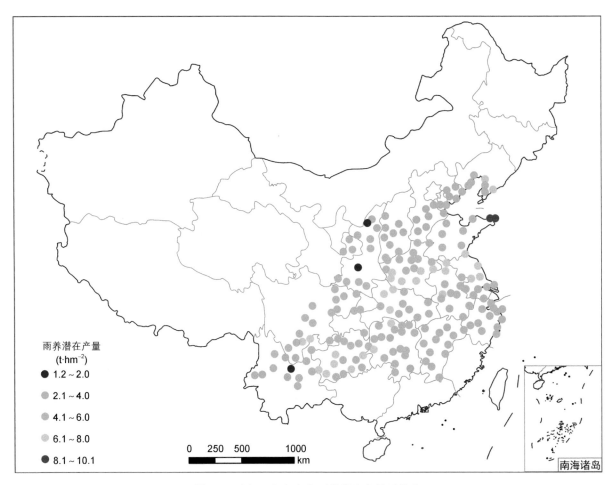

图 2-19　近 37 年冬小麦雨养潜在产量平均值
台湾省资料暂缺

　　图中圆点代表近 37 年（1981～2017 年）冬小麦雨养潜在产量的平均值，圆点颜色代表雨养潜在产量的高低，越偏向蓝色代表越低，越偏向红色代表越高。

　　研究区域内冬小麦雨养潜在产量全区变化范围为 1.2～10.1 t·hm^{-2}。从各冬麦区的特点来看，北部冬麦区大部分站点雨养潜在产量集中在 2.1～4.0 t·hm^{-2}；黄淮冬麦区大部分站点雨养潜在产量集中在 4.1～8.0 t·hm^{-2}，其中高值区主要分布在河南南部、山东东部、江苏北部和安徽北部地区；长江中下游冬麦区大部分站点雨养潜在产量集中在 4.1～6.0 t·hm^{-2}；西南冬麦区大部分站点雨养潜在产量集中在 4.1～8.0 t·hm^{-2}。

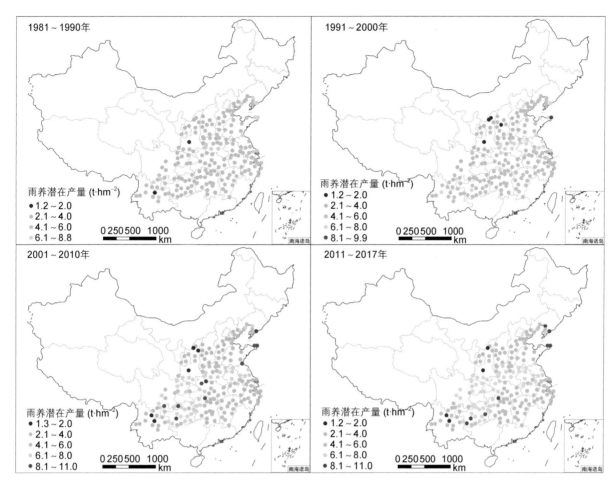

图 2-20　冬小麦雨养潜在产量各年代平均值
台湾省资料暂缺

　　4 张小图分别代表 4 个年代冬小麦雨养潜在产量年代平均值，依次为 20 世纪 80 年代（1981~1990 年）和 90 年代（1991~2000 年）、21 世纪前 10 年（2001~2010 年）和 2011~2017 年。图中圆点代表对应年代雨养潜在产量的平均值，圆点颜色代表雨养潜在产量的高低，越偏向蓝色代表越低，越偏向红色代表越高。

　　总体而言，研究区域内冬小麦雨养潜在产量随年代增加平均值也呈提高趋势，4 个年代全区变化范围依次为 1.2~8.8 t·hm^{-2}、1.2~9.9 t·hm^{-2}、1.3~11.0 t·hm^{-2} 和 1.2~11.0 t·hm^{-2}。从各冬麦区不同年代间变化特点来看，北部冬麦区和长江中下游冬麦区冬小麦雨养潜在产量年代间变化不明显；黄淮冬麦区冬小麦雨养潜在产量在 20 世纪 80 年代最低，大部分站点产量集中在 4.1~6.0 t·hm^{-2}，随年代逐渐增加，20 世纪 90 年代之后该区域冬小麦产量最高值达到了 8.1 t·hm^{-2} 以上，主要分布在山东东部地区；西南冬麦区冬小麦雨养潜在产量在 20 世纪 80 年代最低，大部分站点产量集中在 2.1~4.0 t·hm^{-2}，随年代逐渐增加，2011~2017 年产量达最大，大部分站点产量集中在 6.1~8.0 t·hm^{-2}。

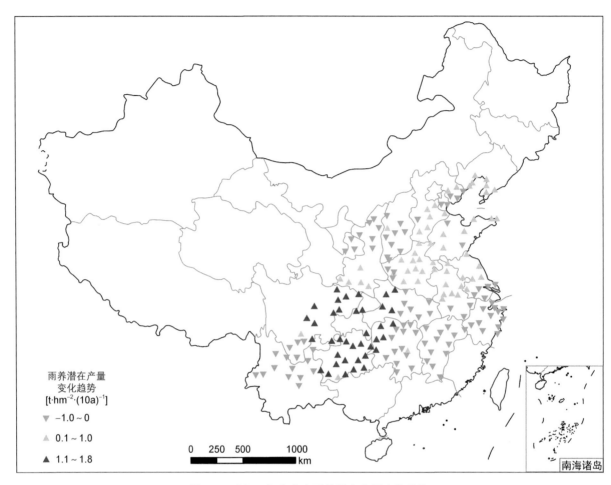

图 2-21　近 37 年冬小麦雨养潜在产量变化趋势
台湾省资料暂缺

　　图中三角形代表近 37 年（1981～2017 年）冬小麦雨养潜在产量的变化趋势，上三角表示提高趋势，下三角表示降低趋势，三角形颜色代表产量变化速率，越偏向红色代表提高越快。

　　近 37 年研究区域内冬小麦雨养潜在产量的变化趋势范围为–1.0～1.8 t·hm^{-2}·(10a)$^{-1}$。从各冬麦区的特点来看，北部冬麦区大部分站点冬小麦雨养潜在产量变化趋势范围为–1.0～1.0 t·hm^{-2}·(10a)$^{-1}$，其中产量提高的区域主要分布在辽宁南部和河北南部地区；黄淮冬麦区大部分站点冬小麦雨养潜在产量变化趋势范围为 0.1～1.0 t·hm^{-2}·(10a)$^{-1}$；长江中下游冬麦区冬小麦雨养潜在产量整体呈降低趋势，大部分站点产量变化趋势范围为–1.0～0 t·hm^{-2}·(10a)$^{-1}$，其中仅江苏和安徽部分区域呈提高趋势；西南冬麦区冬小麦雨养潜在产量变化范围为–1.0～1.8 t·hm^{-2}·(10a)$^{-1}$，提高趋势较明显的区域主要分布在四川东部、重庆、湖北西部、湖南西部和贵州。

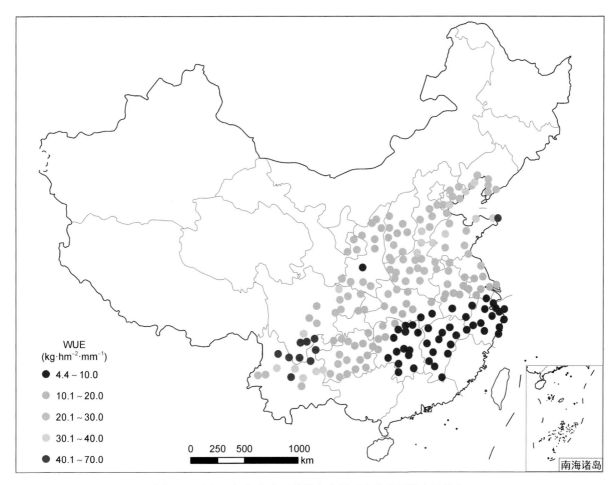

图 2-22　近 37 年冬小麦雨养潜在产量下水分利用效率平均值
台湾省资料暂缺

　　图中圆点代表近 37 年（1981～2017 年）冬小麦雨养潜在产量下水分利用效率的平均值，圆点颜色代表水分利用效率的高低，越偏向蓝色代表越低，越偏向红色代表越高。

　　研究区域内冬小麦雨养潜在产量下水分利用效率呈东北和西南高、东南低的分布特征，全区变化范围为 4.4～70.0 kg·hm^{-2}·mm^{-1}。从各冬麦区的特点来看，北部冬麦区水分利用效率变化范围为 10.1～40.0 kg·hm^{-2}·mm^{-1}；黄淮冬麦区水分利用效率较高，大部分站点变化范围为 20.1～40.0 kg·hm^{-2}·mm^{-1}；长江中下游冬麦区水分利用效率最低，大部分站点变化范围为 4.4～10.0 kg·hm^{-2}·mm^{-1}，低值区主要分布在浙江、江西、安徽南部和湖南东部地区；西南冬麦区水分利用效率最高，区域变化范围为 10.1～70.0 kg·hm^{-2}·mm^{-1}，高值区主要分布在四川南部和云南北部地区，可达 40.1～70.0 kg·hm^{-2}·mm^{-1}。

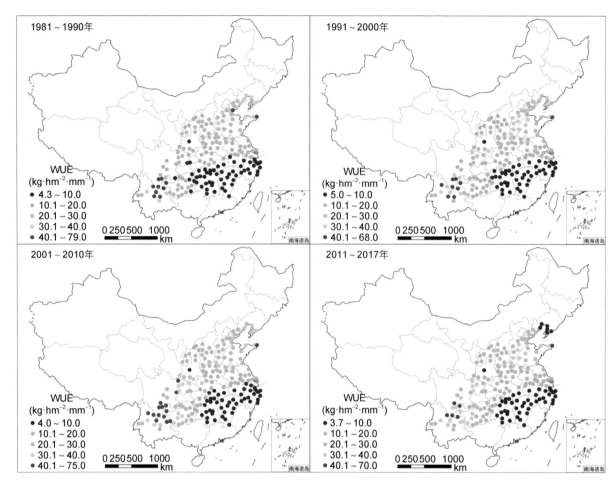

图 2-23　冬小麦雨养潜在产量下水分利用效率各年代平均值

台湾省资料暂缺

　　4 张小图分别代表 4 个年代冬小麦雨养潜在产量下水分利用效率年代平均值,依次为 20 世纪 80 年代 (1981～1990 年)、90 年代 (1991～2000 年)、21 世纪前 10 年 (2001～2010 年) 和 2011～2017 年。图中圆点代表对应年代雨养潜在产量下水分利用效率的平均值,圆点颜色代表水分利用效率的高低,越偏向蓝色代表越低,越偏向红色代表越高。

　　总体而言,研究区域内冬小麦水分利用效率随年代增加呈提高趋势,4 个年代全区变化范围依次为 4.3～79.0 kg·hm^{-2}·mm^{-1}、5.0～68.0 kg·hm^{-2}·mm^{-1}、4.0～75.0 kg·hm^{-2}·mm^{-1} 和 3.7～70.0 kg·hm^{-2}·mm^{-1}。从各冬麦区不同年代间变化特点来看,北部冬麦区冬小麦水分利用效率随年代增加呈降低趋势,在 2011～2017 年该区域水分利用效率最低,区域内水分利用效率变化范围为 3.7～30.0 kg·hm^{-2}·mm^{-1},低值区主要分布在辽宁南部;黄淮冬麦区水分利用效率在 20 世纪 80 年代较低,区域大部分站点变化范围为 20.1～30.0 kg·hm^{-2}·mm^{-1},在 20 世纪 90 年代较高;长江中下游冬麦区和西南冬麦区冬小麦水分利用效率年代间变化不明显。

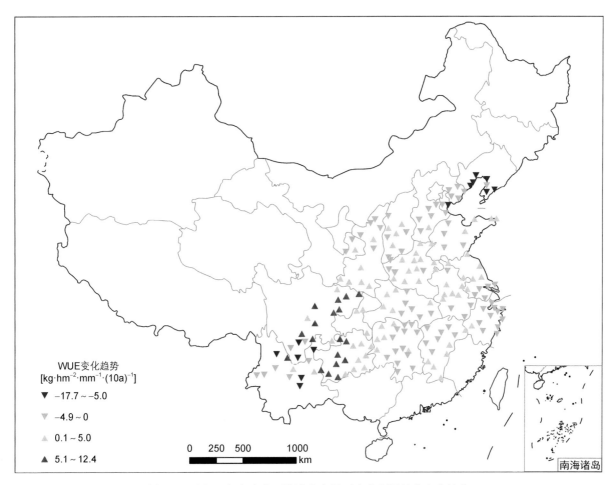

图 2-24 近 37 年冬小麦雨养潜在产量下水分利用效率变化趋势
台湾省资料暂缺

图中三角形代表近 37 年（1981～2017 年）冬小麦雨养潜在产量下水分利用效率的变化趋势，上三角表示提高趋势，下三角表示降低趋势，三角形颜色代表水分利用效率的变化速率，越偏向蓝色代表降低越快，越偏向红色代表提高越快。

近 37 年研究区域内冬小麦雨养潜在产量下水分利用效率变化趋势的范围为 –17.7～12.4 kg·hm^{-2}·mm^{-1}·(10a)$^{-1}$。从各冬麦区的特点来看，北部冬麦区冬小麦水分利用效率变化趋势范围为–17.7～5.0 kg·hm^{-2}·mm^{-1}·(10a)$^{-1}$，大部分站点水分利用效率呈降低趋势；黄淮冬麦区冬小麦水分利用效率变化趋势范围为–4.9～5.0 kg·hm^{-2}·mm^{-1}·(10a)$^{-1}$；长江中下游冬麦区冬小麦水分利用效率变化趋势范围为–4.9～5.0 kg·hm^{-2}·mm^{-1}·(10a)$^{-1}$，其中江苏北部、安徽北部和江西东南部地区冬小麦水分利用效率呈提高趋势，其余地区均呈降低趋势；西南冬麦区冬小麦水分利用效率变化趋势范围为–17.7～12.4 kg·hm^{-2}·mm^{-1}·(10a)$^{-1}$，大部分站点冬小麦水分利用效率呈提高趋势，仅四川南部和云南北部地区呈降低趋势。

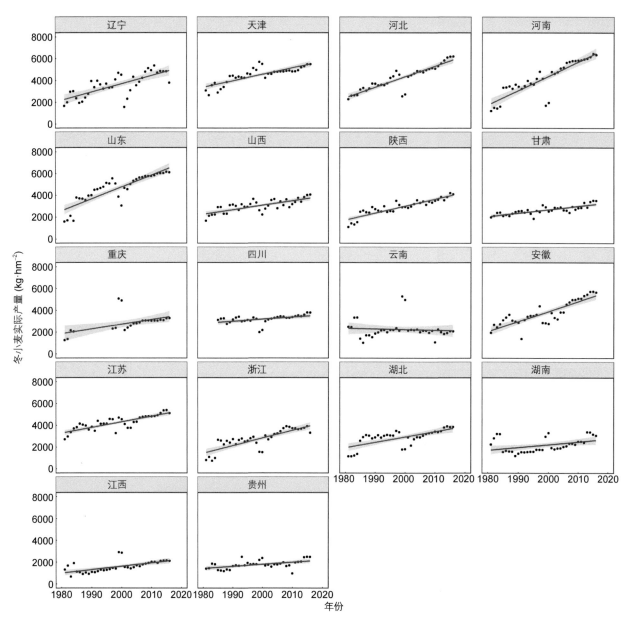

图 2-25　近 37 年各省（直辖市）冬小麦实际产量变化趋势

　　各小图分别为各省（直辖市）1981～2017 年逐年冬小麦实际产量及其线性变化趋势。横坐标表示年份，为 1981～2017 年；纵坐标表示冬小麦实际产量。

　　近 37 年各省（直辖市）冬小麦实际产量随年代增加整体呈提高趋势，但区域间产量提高速率差异显著。其中，辽宁、天津、河北、河南、山东和安徽冬小麦实际产量提高速率较快，而山西、陕西、甘肃、重庆、四川、江苏、浙江、湖北、湖南、江西和贵州冬小麦实际产量提高速率较慢。云南冬小麦实际产量处于基本不变的趋势。

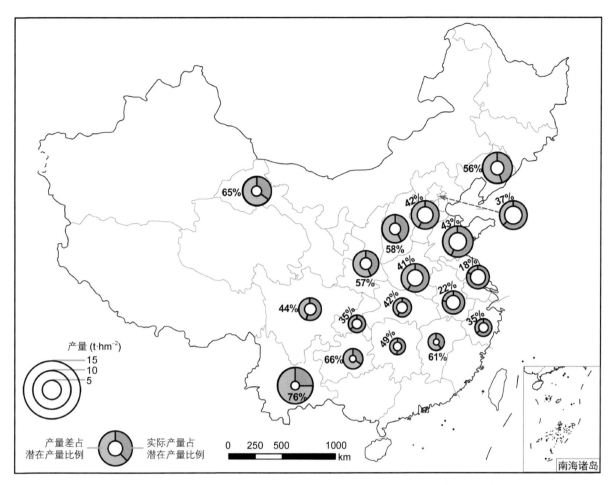

图 2-26　近 37 年各省（直辖市）冬小麦实际产量与光温潜在产量之间产量差的空间分布
台湾省资料暂缺

　　图中空心饼图代表近 37 年（1981～2017 年）各省（直辖市）冬小麦实际产量与光温潜在产量之间产量差。内圆表示实际产量，外圆表示光温潜在产量，圆环大小代表产量的高低，圆环面积越大，产量越高。外圆与内圆内的蓝色部分表示产量差占光温潜在产量的比例，红色部分表示实际产量占光温潜在产量的比例，蓝色（红色）区域面积越大表示占比越高。

　　我国冬小麦主产区冬小麦实际产量与光温潜在产量之间产量差变化范围为 18%～76%。江苏产量差最小，为 18%；云南由于光温资源较好，冬小麦潜在产量较高，而实际产量较低，该省份产量差最大，为 76%。冬小麦主产省河北、河南和山东产量差为 41%～43%，表明实际产量仍有很大的提升空间，而江苏和安徽产量差较小，分别为 18% 和 22%，实际产量提升空间相对较小。

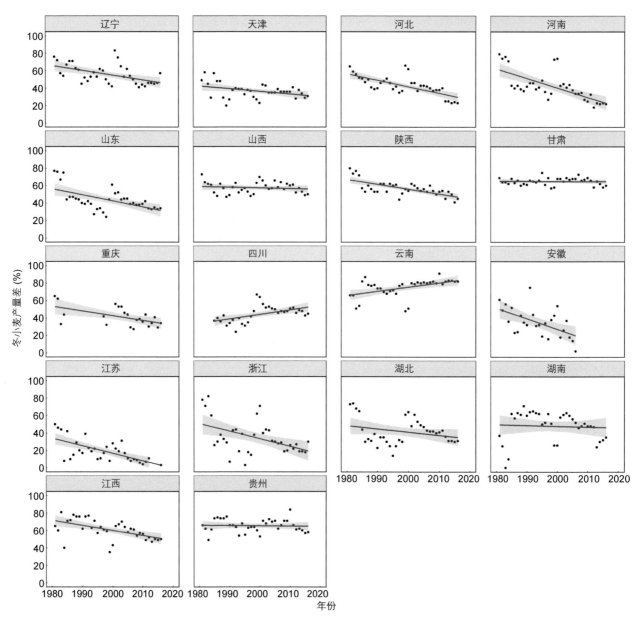

图 2-27 近 37 年各省（直辖市）冬小麦实际产量与光温潜在产量之间产量差的变化趋势

各小图分别表示各省（直辖市）1981～2017 年逐年冬小麦实际产量与光温潜在产量之间产量差及其线性变化趋势。横坐标表示年份，为 1981～2017 年；纵坐标表示冬小麦产量差。

近 37 年大部分省（直辖市）冬小麦产量差随年代增加呈缩小趋势，包括辽宁、天津、河北、河南、山东、陕西、重庆、安徽、江苏、浙江、湖北和江西；山西、甘肃、湖南和贵州冬小麦产量差变化不明显；而四川和云南冬小麦产量差呈扩大趋势。

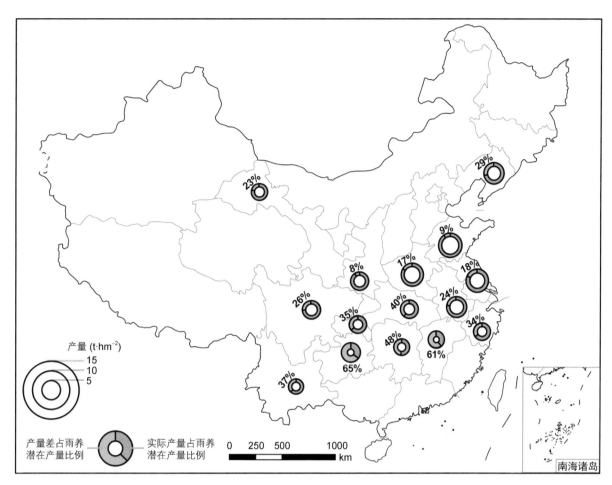

图 2-28　近 37 年各省（直辖市）冬小麦实际产量与雨养潜在产量之间产量差的空间分布
台湾省资料暂缺

　　图中空心饼图代表近 37 年（1981～2017 年）各省（直辖市）冬小麦实际产量与雨养潜在产量之间产量差。内圆表示实际产量，外圆表示雨养潜在产量，圆环大小代表产量的高低，圆环面积越大，产量越高。外圆与内圆内的蓝色部分表示产量差占雨养潜在产量的比例，红色部分表示实际产量占雨养潜在产量的比例，蓝色（红色）区域面积越大表示占比越高。

　　我国冬小麦主产区内冬小麦实际产量与雨养潜在产量之间产量差整体呈北低南高的空间分布特征，数值变化范围为 8%～65%，陕西产量差最小，为 8%；贵州产量差最大，为 65%。冬小麦主产省份山东、河南、江苏和安徽产量差为 9%～24%，产量差较小；贵州、湖北、湖南和江西产量差较大，为 40%～65%。

第3章 春玉米潜在产量及气候资源利用图

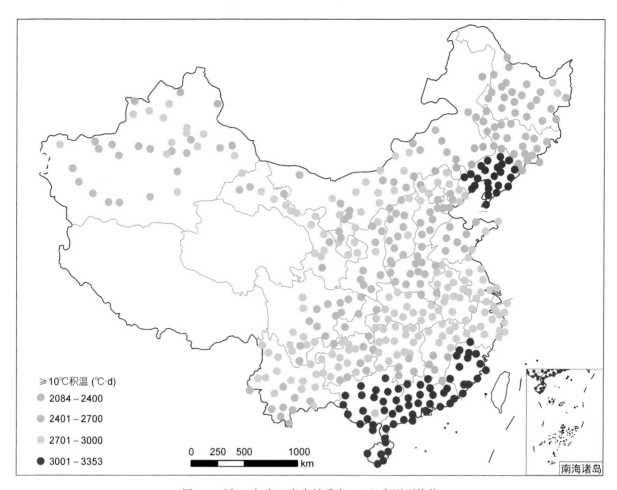

图 3-1　近 37 年春玉米生长季内≥10℃积温平均值
台湾省资料暂缺

　　图中圆点代表 1981～2017 年春玉米生长季内≥10℃积温的平均值，圆点颜色代表积温的高低，越偏向蓝色代表越低，越偏向红色代表越高。

　　由图可知，研究区域内春玉米生长季内≥10℃积温呈明显的纬向分布特征，即由南向北逐渐降低，全区变化范围为 2084～3353℃·d。从各春玉米种植区特点来看，北方春播玉米区区域内≥10℃积温差异较大，辽宁各站点≥10℃积温为 3001℃·d 以上，内蒙古北部地区≥10℃积温为 2400℃·d 以下；西北灌溉玉米区、黄淮海夏播玉米区和西南山地玉米区内差异较小，为 2401～3000℃·d；南方丘陵玉米区域内≥10℃积温呈明显的纬向分布，长江中下游区域站点≥10℃积温为 2701～3000℃·d，华南区域大部分站点≥10℃积温为 3001℃·d 以上。

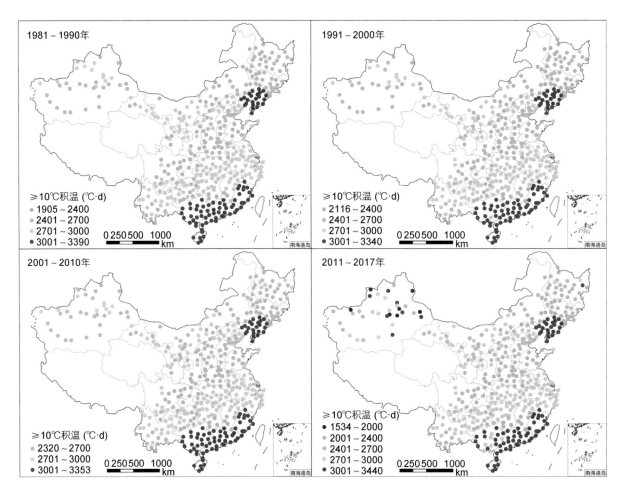

图 3-2 春玉米生长季内≥10℃积温各年代平均值
台湾省资料暂缺

  4 张小图分别代表 4 个年代春玉米生长季内≥10℃积温值，依次为 20 世纪 80 年代（1981～1990 年）和 90 年代（1991～2000 年）、21 世纪前 10 年（2001～2010 年）和 2011～2017 年。图中圆点代表对应年代≥10℃积温的平均值，圆点颜色代表积温的高低，越偏向蓝色代表越低，越偏向红色代表越高。

  研究区域内春玉米 4 个年代生长季内≥10℃积温空间分布趋势与 1981～2017 年平均值分布趋势相同，均呈明显的纬向分布特征，即由南向北逐渐降低。其中，20 世纪 80 年代春玉米生长季内≥10℃积温平均为 1905～3390℃·d；与 20 世纪 80 年代相比，20 世纪 90 年代和 21 世纪前 10 年总体偏高，≥10℃积温分别为 2116～3340℃·d 和 2320～3353℃·d，2011～2017 年总体较 20 世纪 80 年代偏低，≥10℃积温为 1534～3440℃·d。

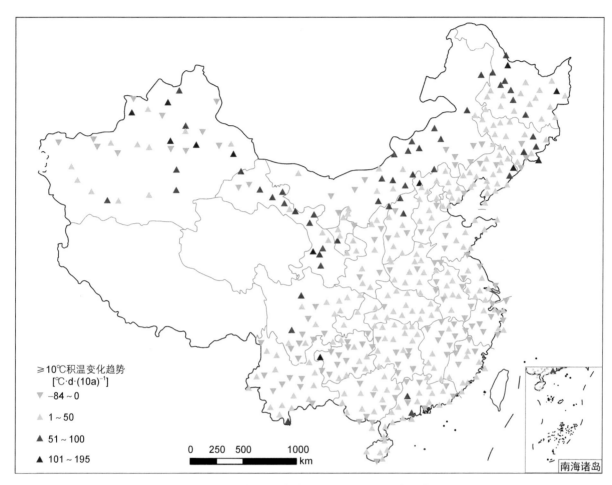

图 3-3　近 37 年春玉米生长季内 ≥10℃ 积温变化趋势

台湾省资料暂缺

　　图中三角形代表近 37 年（1981～2017 年）春玉米生长季内 ≥10℃ 积温变化趋势，上三角表示升高趋势，下三角表示降低趋势，三角形颜色代表 ≥10℃ 积温变化速率，越偏向红色代表升高越快。

　　近 37 年研究区域内春玉米生长季内 ≥10℃ 积温的变化趋势范围为 –84～195℃·d·(10a)$^{-1}$，且区域内差异明显。其中，北方春播玉米区、黄淮海夏播玉米区和西北灌溉玉米区内大部分站点 ≥10℃ 积温呈升高趋势，在黑龙江和甘肃大部、内蒙古中东部、新疆中北部地区站点 ≥10℃ 积温升高趋势为 51℃·d·(10a)$^{-1}$ 以上；西南山地玉米区大部分站点 ≥10℃ 积温呈降低趋势；南方丘陵玉米区内差异最为明显，江西、浙江、福建绝大多数站点 ≥10℃ 积温呈降低趋势，湖北、湖南、广西、广东和海南站点则整体呈升高趋势。

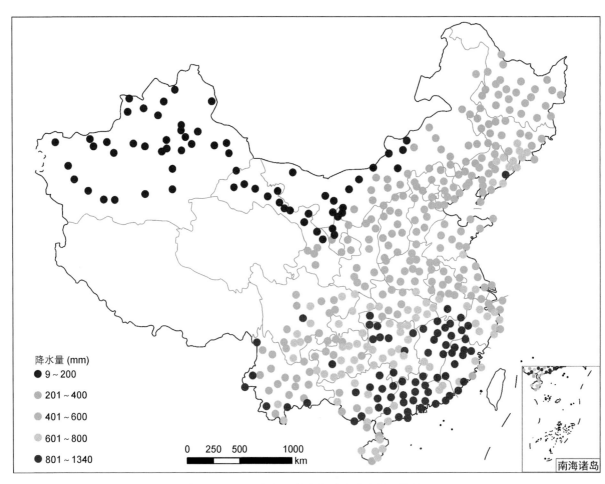

图 3-4　近 37 年春玉米生长季内降水量平均值
台湾省资料暂缺

　　图中圆点代表 1981～2017 年春玉米生长季内降水量的平均值，圆点颜色代表降水量的多少，越偏向蓝色代表越少，越偏向红色代表越多。

　　研究区域内春玉米生长季内降水量自西北向东南逐渐增加，全区变化范围为 9～1340 mm。从各玉米种植区特点来看，西北灌溉玉米区降水量最低，均为 200 mm 以下；北方春播玉米区西部春玉米生长季内降水量为 201～400 mm，东部降水量则为 401～600 mm，吉林东南部和辽宁东部部分站点降水量为 601 mm 以上；黄淮海夏播玉米区玉米生长季内降水量均为 401～600 mm；西南山地玉米区站点玉米生长季内降水量为 401～800 mm；南方丘陵玉米区玉米生长季内降水量最高，其中江西、福建、广东和广西大部分站点生长季内降水量为 801 mm 以上。

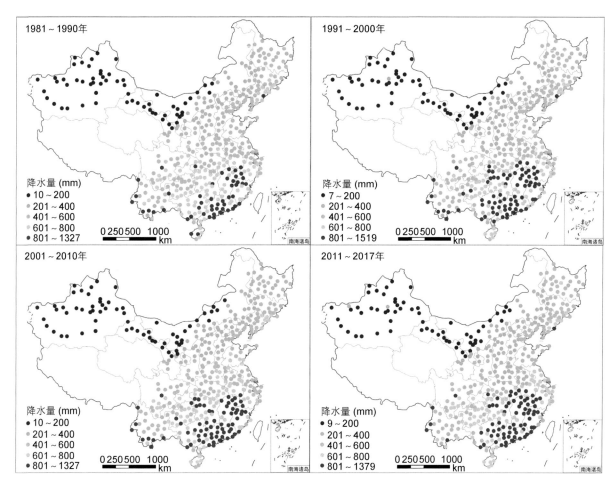

图 3-5 春玉米生长季内降水量各年代平均值
台湾省资料暂缺

  4 张小图分别代表 4 个年代春玉米生长季内降水量,依次为 20 世纪 80 年代(1981~1990 年)和 90 年代(1991~2000 年)、21 世纪前 10 年(2001~2010 年)和 2011~2017 年。图中圆点代表对应年代降水量的平均值,圆点颜色代表降水量的多少,越偏向蓝色代表越少,越偏向红色代表越多。

  研究区域内春玉米 4 个年代生长季内降水量均呈自西北向东南增加的特征。其中,4 个年代中西北灌溉玉米区站点生长季内降水量均为 200 mm 以下;北方春播玉米区生长季内降水量自西向东逐渐增加,为 201~600 mm;黄淮海夏播玉米区生长季内降水量为 401~600 mm,21 世纪前 10 年山东和河南南部部分站点降水量为 601 mm 以上;西南山地玉米区和南方丘陵玉米区生长季内降水量最高,均为 401 mm 以上,南方丘陵玉米区大部分站点降水量高于 601 mm。

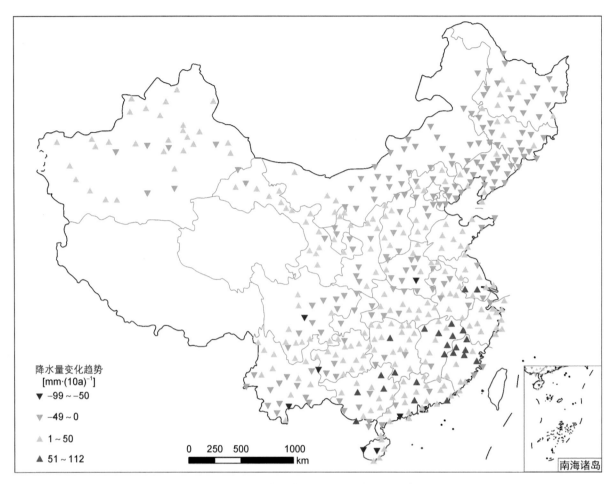

图 3-6　近 37 年春玉米生长季内降水量变化趋势
台湾省资料暂缺

　　图中三角形代表近 37 年（1981~2017 年）春玉米生长季内降水量变化趋势，上三角表示增加趋势，下三角表示减少趋势，三角形颜色代表降水量变化速率，越偏向蓝色代表减少越快，越偏向红色代表增加越快。

　　近 37 年研究区域内春玉米生长季内降水量的变化趋势范围为 -99~112 mm·(10a)$^{-1}$，且区域间差异明显。其中，北方春播玉米区玉米生长季内降水量总体呈减少趋势，西北灌溉玉米区则总体呈增加趋势；黄淮海夏播玉米区和西南山地玉米区内降水量差异明显，山东和贵州大部分站点玉米生长季内降水量增加，增加趋势为 1~50 mm·(10a)$^{-1}$，河南、四川和云南大部分站点则呈 -49~0 mm·(10a)$^{-1}$ 的变化趋势；南方丘陵玉米区生长季内的降水量总体增加，江西北部、福建北部、广东和广西部分站点降水量变化趋势为 51 mm·(10a)$^{-1}$ 以上。

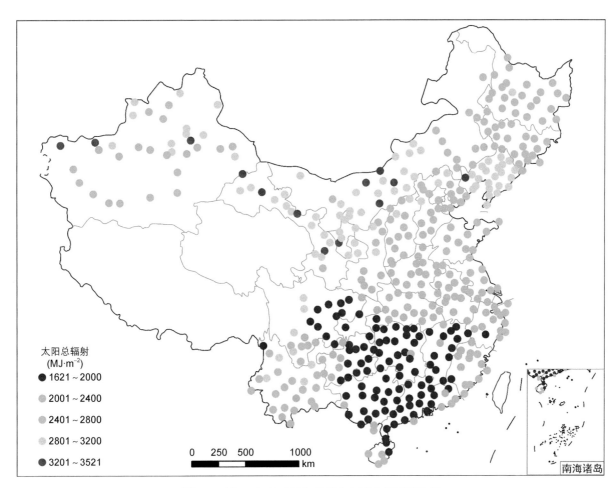

图 3-7　近 37 年春玉米生长季内太阳总辐射平均值

台湾省资料暂缺

　　图中圆点代表1981～2017年春玉米生长季内太阳总辐射的平均值,圆点颜色代表太阳总辐射的高低,越偏向蓝色代表越低,越偏向红色代表越高。

　　研究区域内春玉米生长季内太阳总辐射总体呈自西北向东南减少的分布特征。北方春播玉米区和西北灌溉玉米区内太阳总辐射均为 2401 MJ·m^{-2} 以上,其中辽宁、甘肃和内蒙古中部和西部地区站点太阳总辐射为 2801 MJ·m^{-2} 以上;黄淮海夏播玉米区玉米生长季内太阳总辐射为 2001～2800 MJ·m^{-2};西南山地玉米区太阳总辐射区域内差异明显,四川、重庆和贵州大部分站点太阳总辐射为 2000 MJ·m^{-2} 以下,云南大部分站点太阳总辐射高于 2401 MJ·m^{-2};南方丘陵玉米区生长季内太阳总辐射最低,均为 2400 MJ·m^{-2} 以下。

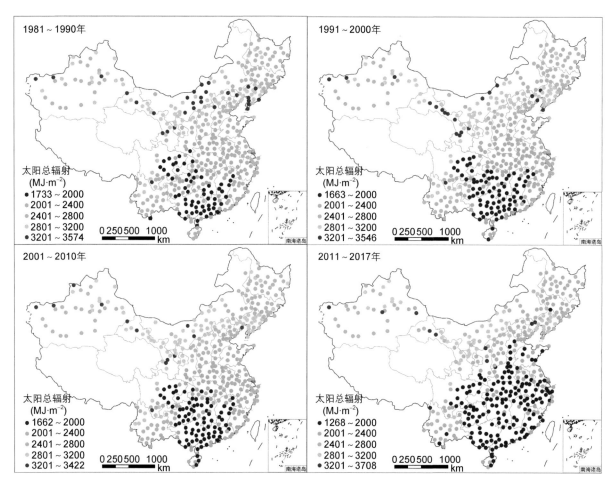

图 3-8　春玉米生长季内太阳总辐射各年代平均值
台湾省资料暂缺

　　4 张小图分别代表 4 个年代春玉米生长季内太阳总辐射，依次为 20 世纪 80 年代（1981～1990 年）和 90 年代（1991～2000 年）、21 世纪前 10 年（2001～2010 年）和 2011～2017 年。图中圆点代表对应年代太阳总辐射的平均值，圆点颜色代表太阳总辐射的高低，越偏向蓝色代表越低，越偏向红色代表越高。

　　研究区域内春玉米 4 个年代生长季内太阳总辐射均呈自西北向东南减少的分布特征。其中，4 个年代中西北灌溉玉米区和北方春播玉米区站点生长季内太阳总辐射最高，均为 2401 MJ·m^{-2} 以上，内蒙古中西部、甘肃和宁夏大部站点内太阳总辐射为 2801 MJ·m^{-2} 以上；西南山地玉米区生长季内除云南外，太阳总辐射为 2400 MJ·m^{-2} 以下；黄淮海夏播玉米区和南方丘陵玉米区玉米生长季内的太阳总辐射最低，为 2800 MJ·m^{-2} 以下；2011～2017 年太阳总辐射较其他 3 个年代的值偏低，黄淮海夏播玉米区和南方丘陵玉米区大部分站点为 2000 MJ·m^{-2} 以下。

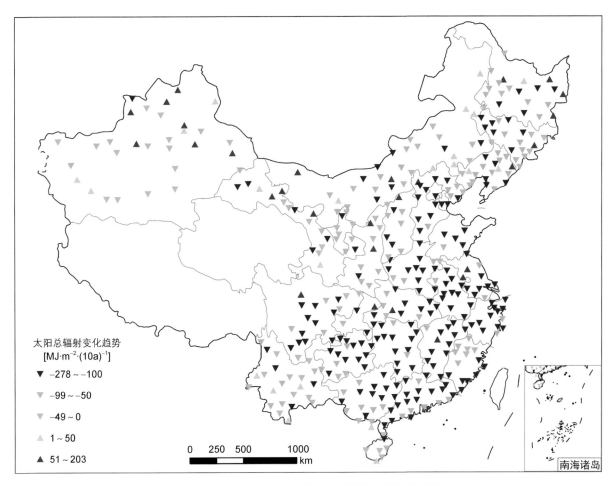

图 3-9　近 37 年春玉米生长季内太阳总辐射变化趋势
台湾省资料暂缺

　　图中三角形代表近 37 年（1981～2017 年）春玉米生长季内太阳总辐射变化趋势，上三角表示增加趋势，下三角表示减少趋势，三角形颜色代表太阳总辐射变化速率，越偏向蓝色代表减少越快，越偏向红色代表增加越快。

　　近 37 年研究区域内春玉米生长季内太阳总辐射的变化趋势范围为 –278～203 MJ·m^{-2}·(10a)$^{-1}$，总体表现为减少趋势，且大多数站点减少速率为 100 MJ·m^{-2}·(10a)$^{-1}$ 以上。太阳总辐射增加的站点主要分布在新疆和内蒙古西部。

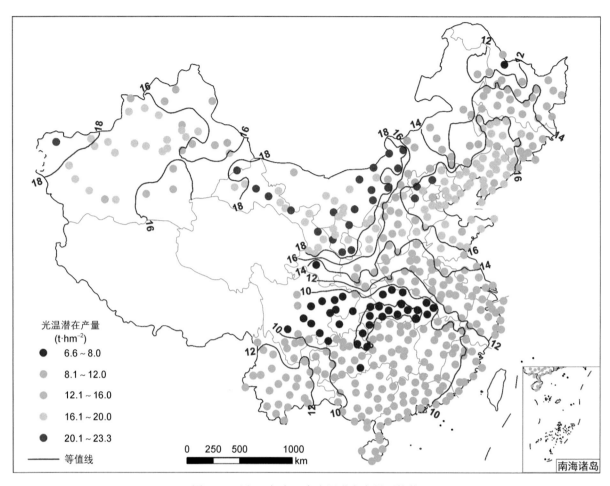

图 3-10　近 37 年春玉米光温潜在产量平均值
台湾省资料暂缺

　　图中圆点代表近 37 年（1981～2017 年）春玉米光温潜在产量的平均值，圆点颜色代表光温潜在产量的高低，越偏向蓝色代表越低，越偏向红色代表越高。紫色的曲线代表产量等值线，线两端的数字代表该等值线所对应的产量。

　　研究区域内春玉米光温潜在产量总体呈北方高于南方，四川、重庆和湖北（8.0 t·hm^{-2}）最低的空间分布特征。春玉米光温潜在产量的最高区域分布在新疆中西部、甘肃大部、内蒙古中西部、陕西北部、吉林和辽宁大部、河北北部和山东大部等地区，为 16.1 t·hm^{-2} 以上；其次为云南、陕西南部、山西、河南、安徽、江苏和浙江大部地区，春玉米光温潜在产量为 12.1～16.0 t·hm^{-2}。

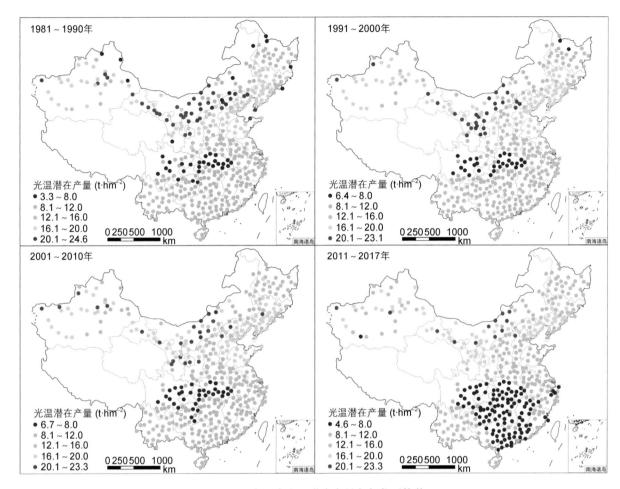

图 3-11　春玉米光温潜在产量各年代平均值
台湾省资料暂缺

　　4 张小图分别代表 4 个年代春玉米光温潜在产量年代平均值，依次为 20 世纪 80 年代（1981～1990 年）和 90 年代（1991～2000 年）、21 世纪前 10 年（2001～2010 年）和 2011～2017 年。图中圆点代表对应年代光温潜在产量的平均值，圆点颜色代表光温潜在产量的高低，越偏向蓝色代表越低，越偏向红色代表越高。

　　研究区域内春玉米 4 个年代光温潜在产量与 37 年光温潜在产量的平均值空间分布趋势相同，总体表现为北方高于南方，四川、重庆和湖北最低。与 20 世纪 80 年代相比，20 世纪 90 年代和 21 世纪前 10 年春玉米光温潜在产量的变化不明显，2011～2017 年南方玉米种植区春玉米光温潜在产量明显降低，南方丘陵玉米种植区大多数站点光温潜在产量低于 8.0 t·hm^{-2}，江苏、浙江、安徽和河南大部地区玉米光温潜在产量由 12.1～16.0 t·hm^{-2} 降低为 8.1～12.0 t·hm^{-2}，山东和河北大部玉米光温潜在产量由 16.1～20.0 t·hm^{-2} 降低为 12.1～16.0 t·hm^{-2}。

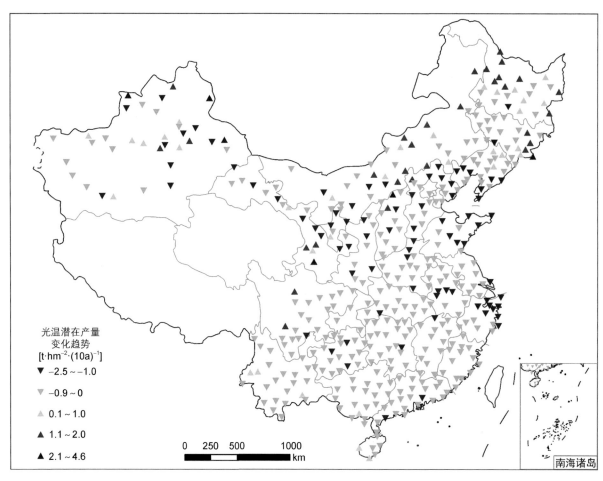

图 3-12　近 37 年春玉米光温潜在产量变化趋势

台湾省资料暂缺

　　图中三角形代表近 37 年（1981～2017 年）春玉米光温潜在产量变化趋势，上三角表示提高趋势，下三角表示降低趋势，三角形颜色代表产量变化速率，越偏向蓝色代表降低越快，越偏向红色代表提高越快。

　　近 37 年研究区域内春玉米光温潜在产量的变化速率为 $-2.5\sim4.6\ \mathrm{t\cdot hm^{-2}\cdot(10a)^{-1}}$，总体表现为降低的趋势。其中，光温潜在产量表现为提高趋势的站点主要分布在新疆中部、甘肃南部、四川北部、内蒙古中东部、黑龙江大部和吉林东部地区，北方春播玉米区光温潜在产量的提高速率超过 $1.1\ \mathrm{t\cdot hm^{-2}\cdot(10a)^{-1}}$ 的站点分布最为广泛；黄淮海夏播玉米区、西南山地玉米区和南方丘陵玉米区春玉米光温潜在产量总体呈降低趋势，降低趋势为 $0\sim0.9\ \mathrm{t\cdot hm^{-2}\cdot(10a)^{-1}}$，少数站点的降低速率超过 $1.0\ \mathrm{t\cdot hm^{-2}\cdot(10a)^{-1}}$。

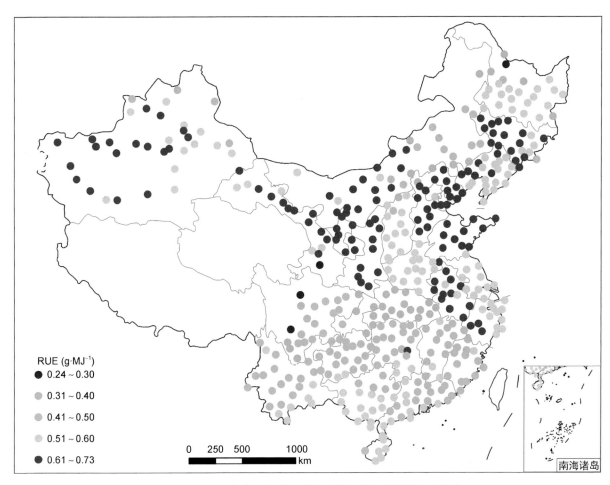

图 3-13　近 37 年春玉米光温潜在产量下光能利用效率平均值
台湾省资料暂缺

　　图中圆点代表 1981～2017 年春玉米光温潜在产量下光能利用效率的平均值，圆点颜色代表光能利用效率的高低，越偏向蓝色代表越低，越偏向红色代表越高。

　　研究区域内春玉米光温潜在产量下光能利用效率总体呈由南向北逐渐提高的空间分布特征，变化范围为 0.24～0.73 g·MJ^{-1}。其中，光能利用效率较高的站点集中在新疆、甘肃、宁夏、陕西、河北、山东、吉林和安徽大部地区，为 0.61 g·MJ^{-1} 以上；北方春播玉米区、西北灌溉玉米区和黄淮海夏播玉米区除内蒙古东部部分站点外，光温潜在产量下光能利用效率均为 0.51 g·MJ^{-1} 以上；光能利用效率最低的站点集中在湖北省大部，为 0.40 g·MJ^{-1} 以下。

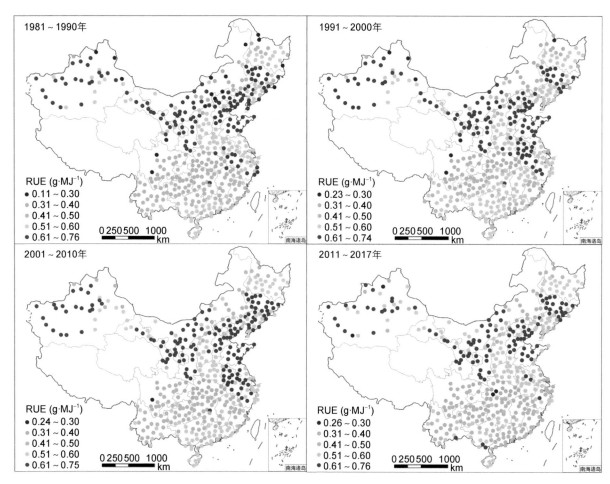

图 3-14 春玉米光温潜在产量下光能利用效率各年代平均值

台湾省资料暂缺

　　4 张小图分别代表 4 个年代春玉米光温潜在产量下光能利用效率年代平均值,依次为 20 世纪 80 年代 (1981～1990 年)和 90 年代 (1991～2000 年)、21 世纪前 10 年 (2001～2010 年)和 2011～2017 年。图中圆点代表对应年代光温潜在产量下光能利用效率的平均值,圆点颜色代表光能利用效率的高低,越偏向蓝色代表越低,越偏向红色代表越高。

　　研究区域内春玉米 4 个年代光温潜在产量下光能利用效率与 37 年均值空间分布趋势相同,总体表现为由南向北逐渐提高。20 世纪 80 年代,全区光温潜在产量下光能利用效率为 0.11～0.76 g·MJ^{-1}。与 20 世纪 80 年代相比,90 年代南方地区光能利用效率明显提高,0.51～0.60 g·MJ^{-1} 的站点由广东大部和广西南部扩展至湖南、江西大部;21 世纪前 10 年安徽、江苏和浙江大部站点光能利用效率由 20 世纪 90 年代 0.51～0.60 g·MJ^{-1} 提高到 0.61 g·MJ^{-1} 以上;2011～2017 年光能利用效率则有所降低。

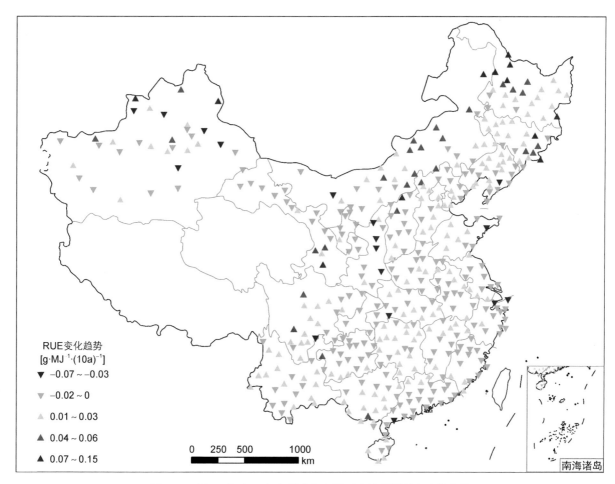

图 3-15　近 37 年春玉米光温潜在产量下光能利用效率变化趋势
台湾省资料暂缺

　　图中三角形代表近 37 年（1981～2017 年）春玉米光温潜在产量下光能利用效率的变化趋势，上三角表示提高趋势，下三角表示降低趋势，三角形颜色代表光能利用效率的变化速率，越偏向蓝色代表降低越快，越偏向红色代表提高越快。

　　研究区域内春玉米光温潜在产量下光能利用效率变化速率为 –0.07～0.15 g·MJ^{-1}·(10a)$^{-1}$，且呈明显的区域差异性。其中，春玉米光温潜在产量下光能利用效率提高速率最大的站点主要集中在内蒙古中部和北部、黑龙江北部、吉林东部和甘肃南部地区，提高速率为 0.04 g·MJ^{-1}·(10a)$^{-1}$ 以上，部分站点为 0.07 g·MJ^{-1}·(10a)$^{-1}$ 以上；降低速率最大的站点主要零星分布在新疆北部、陕西中部等地区，降低速率为 0.03 g·MJ^{-1}·(10a)$^{-1}$ 以上。

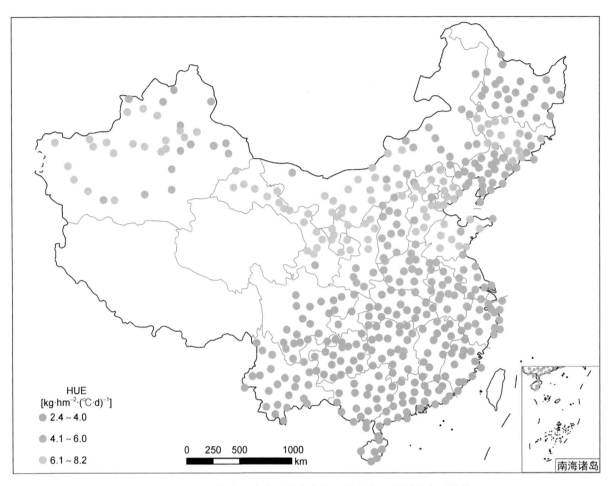

图 3-16 近 37 年春玉米光温潜在产量下热量资源利用效率平均值

台湾省资料暂缺

图中圆点代表 1981～2017 年春玉米光温潜在产量下热量资源利用效率的平均值，圆点颜色代表热量资源利用效率的高低，越偏向蓝色代表越低，越偏向黄色代表越高。

研究区域内春玉米光温潜在产量下热量资源利用效率总体呈由南向北逐渐提高的空间分布特征，变化范围为 2.4～8.2 kg·hm^{-2}·(℃·d)$^{-1}$。其中，热量资源利用效率较高的站点集中在新疆中西部、甘肃、宁夏、陕西北部、内蒙古中部、吉林大部、河北大部和山东大部，为 6.1 kg·hm^{-2}·(℃·d)$^{-1}$ 以上；热量资源利用效率低于 4.0 kg·hm^{-2}·(℃·d)$^{-1}$ 的站点除零星分布在新疆北部和黑龙江北部外，集中在四川、重庆、湖北、湖南、贵州、广东、广西、江西、福建和海南等省份。

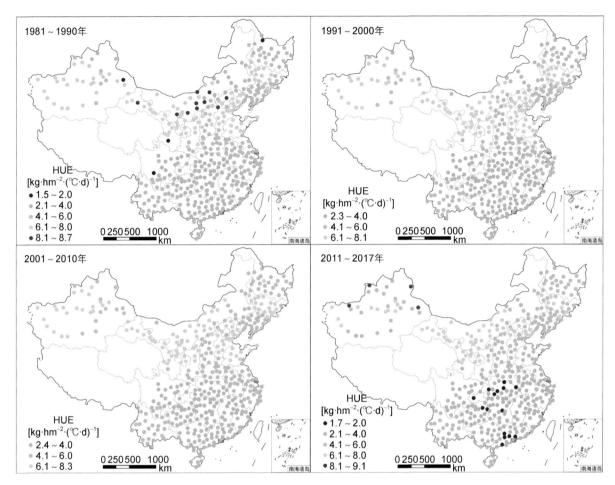

图 3-17　春玉米光温潜在产量下热量资源利用效率各年代平均值
台湾省资料暂缺

4 张小图分别代表 4 个年代春玉米光温潜在产量下热量资源利用效率年代平均值，依次为 20 世纪 80 年代（1981～1990 年）和 90 年代（1991～2000 年）、21 世纪前 10 年（2001～2010 年）和 2011～2017 年。图中圆点代表对应年代光温潜在产量下热量资源利用效率的平均值，圆点颜色代表热量资源利用效率的高低，越偏向蓝色代表越低，越偏向红色代表越高。

研究区域内春玉米 4 个年代光温潜在产量下热量资源利用效率与 37 年热量资源利用效率的平均值空间分布趋势相同，总体表现为由南向北逐渐提高。20 世纪 80 年代，全区光温潜在产量下热量资源利用效率为 1.5～8.7 kg·hm^{-2}·(℃·d)$^{-1}$。与 20 世纪 80 年代相比，20 世纪 90 年代和 21 世纪前 10 年光温潜在产量下热量资源利用效率大于 8.3 kg·hm^{-2}·(℃·d)$^{-1}$ 和小于 2.0 kg·hm^{-2}·(℃·d)$^{-1}$ 的站点消失，为 2.3～8.3 kg·hm^{-2}·(℃·d)$^{-1}$；2011～2017 年低于 2.0 kg·hm^{-2}·(℃·d)$^{-1}$ 的站点在湖北和湖南交界处和广东南部增加，总体热量资源利用效率降低。

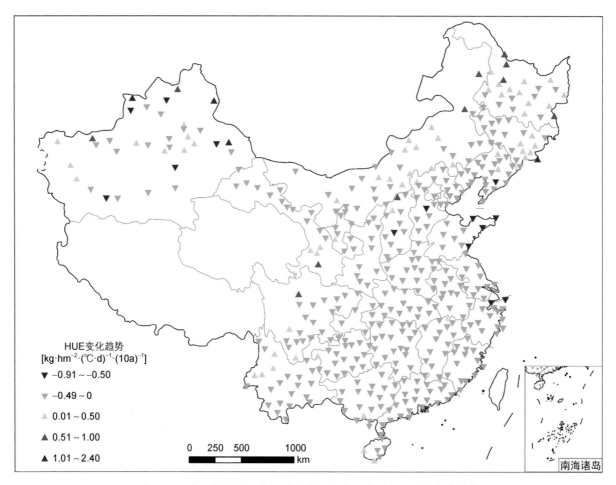

图 3-18　近 37 年春玉米光温潜在产量下热量资源利用效率变化趋势

台湾省资料暂缺

　　图中三角形代表近 37 年（1981～2017 年）春玉米光温潜在产量下热量资源利用效率的变化趋势，上三角表示提高趋势，下三角表示降低趋势，三角形颜色代表热量资源利用效率的变化速率，越偏向蓝色代表降低越快，越偏向红色代表提高越快。

　　研究区域内春玉米光温潜在产量下热量资源利用效率变化速率为–0.91～2.40 kg·hm^{-2}·(℃·d)$^{-1}$·(10a)$^{-1}$，总体表现为降低趋势，全区大多数站点春玉米光温潜在产量下热量资源利用效率降低速率为 0.49 kg·hm^{-2}·(℃·d)$^{-1}$·(10a)$^{-1}$ 以下，热量资源利用效率提高的站点主要集中在黑龙江北部、内蒙古东部、吉林东部、新疆中北部、甘肃南部和云南北部地区，黑龙江北部、内蒙古东部和新疆北部地区部分站点提高速率为 0.51 kg·hm^{-2}·(℃·d)$^{-1}$·(10a)$^{-1}$ 以上。

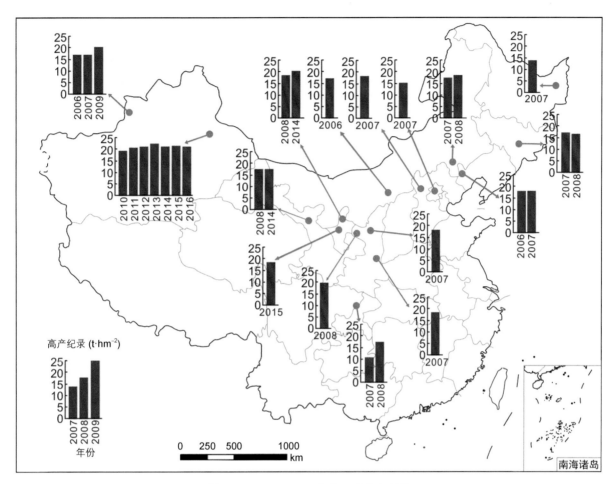

图 3-19　2005～2016 年春玉米高产纪录
台湾省资料暂缺

　　图中柱形图代表研究区域 2005～2016 年春玉米的高产纪录。横坐标为年份，纵坐标为产量。

　　春玉米的高产纪录最大值出现在新疆的奇台（22.7 t·hm⁻²，2013 年）和伊犁（20.4 t·hm⁻²，2009 年）。宁夏永宁 2014 年春玉米高产纪录达到 20.4 t·hm⁻²。黑龙江、吉林、辽宁、内蒙古、河北、陕西、甘肃和四川春玉米高产纪录为 17.0～19.0 t·hm⁻²。北京延庆 2007 年春玉米高产纪录为 15.4 t·hm⁻²。

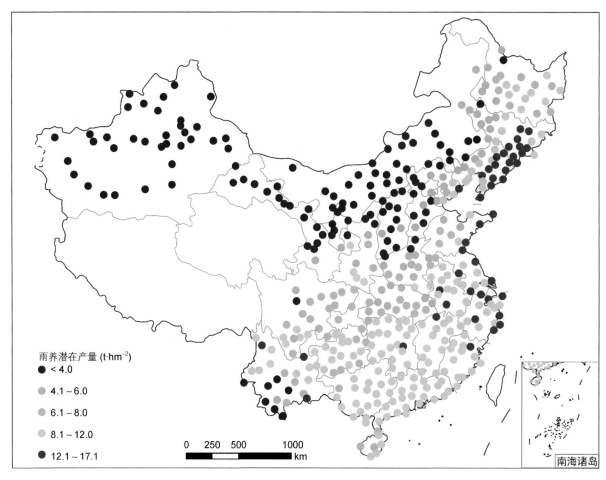

图 3-20　近 37 年春玉米雨养潜在产量平均值
台湾省资料暂缺

　　图中圆点代表近 37 年（1981～2017 年）春玉米雨养潜在产量的平均值，圆点颜色代表雨养潜在产量的高低，越偏向蓝色代表越低，越偏向红色代表越高。

　　研究区域内春玉米雨养潜在产量呈经向分布，即自西向东提高的空间分布趋势。其中，春玉米雨养潜在产量最低的站点分布在新疆、甘肃、宁夏、内蒙古大部、陕西北部、山西、河北和云南西南部地区，为 4.0 t·hm^{-2} 以下；雨养潜在产量较高的站点主要分布在吉林东部、辽宁东部、山东东部、江苏东部和浙江东部地区，为 12.1 t·hm^{-2} 以上；黑龙江、吉林、辽宁和我国南方大多数地区雨养潜在产量为 8.1 t·hm^{-2} 以上。

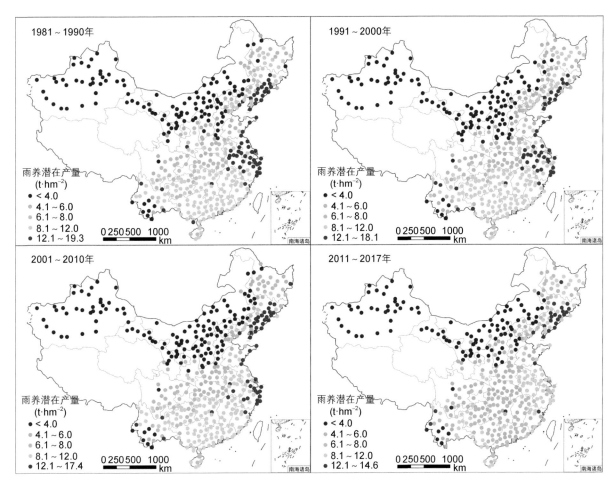

图 3-21 春玉米雨养潜在产量各年代平均值
台湾省资料暂缺

4 张小图分别代表 4 个年代春玉米雨养潜在产量年代平均值，依次为 20 世纪 80 年代（1981～1990 年）和 90 年代（1991～2000 年）、21 世纪前 10 年（2001～2010 年）和 2011～2017 年。图中圆点代表对应年代雨养潜在产量的平均值，圆点颜色代表雨养潜在产量的高低，越偏向蓝色代表越低，越偏向红色代表越高。

研究区域内春玉米 4 个年代雨养潜在产量与 37 年雨养潜在产量的平均值空间分布趋势相同，总体表现为自西向东提高。与 20 世纪 80 年代相比，20 世纪 90 年代和 21 世纪前 10 年雨养潜在产量大于 12.1 t·hm^{-2} 的站点无明显变化，但低于 4.0 t·hm^{-2} 的站点在陕西和宁夏有所减少，2011～2017 年雨养潜在产量明显降低，南方丘陵玉米区大多数站点雨养潜在产量由 8.1～12.0 t·hm^{-2} 降低到 8.0 t·hm^{-2} 以下，江苏、浙江和安徽地区所有站点的雨养潜在产量降低至 12.0 t·hm^{-2} 以下。

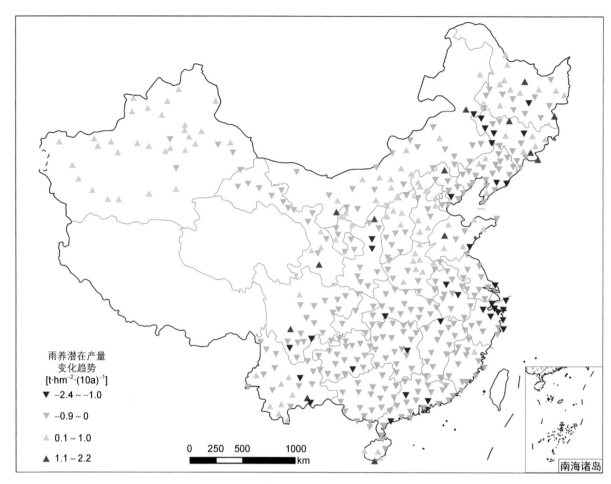

图 3-22　近 37 年春玉米雨养潜在产量变化趋势

台湾省资料暂缺

　　图中三角形代表近 37 年（1981～2017 年）春玉米雨养潜在产量的变化趋势，上三角表示提高趋势，下三角表示降低趋势，三角形颜色代表产量变化速率，越偏向蓝色代表降低越快，越偏向红色代表提高越快。

　　研究区域内春玉米雨养潜在产量变化速率为 -2.4～2.2 t·hm^{-2}·(10a)$^{-1}$，在南方地区总体表现为降低的趋势，大多数站点的降低速率为 0.9 t·hm^{-2}·(10a)$^{-1}$ 以下，降低速率为 1.0 t·hm^{-2}·(10a)$^{-1}$ 以上的站点集中分布在浙江东部；在北方地区春玉米雨养潜在产量的变化速率差异性明显，雨养潜在产量呈提高趋势的站点集中分布在新疆、内蒙古中部、山西北部、河南北部、山东大部和黑龙江北部地区，提高速率主要集中在 0.1～1.0 t·hm^{-2}·(10a)$^{-1}$，雨养潜在产量呈降低趋势为 1.0 t·hm^{-2}·(10a)$^{-1}$ 以上的站点主要集中在吉林西部地区。

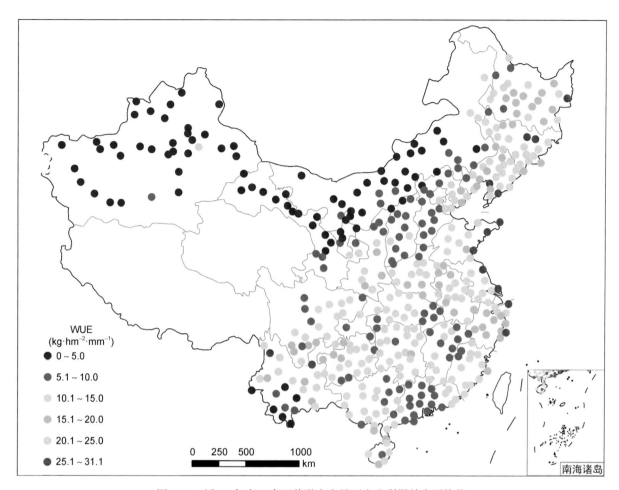

图 3-23　近 37 年春玉米雨养潜在产量下水分利用效率平均值
台湾省资料暂缺

　　图中圆点代表近 37 年（1981～2017 年）春玉米雨养潜在产量下水分利用效率的平均值，圆点颜色代表水分利用效率的高低，越偏向蓝色代表越低，越偏向红色代表越高。

　　研究区域内春玉米雨养潜在产量下水分利用效率总体呈自西向东提高的空间分布特征。其中，雨养潜在产量下水分利用效率最低的站点主要集中在新疆、甘肃和内蒙古中西部地区，为 5.0 kg·hm^{-2}·mm^{-1} 以下；水分利用效率大于 20.1 kg·hm^{-2}·mm^{-1} 的站点主要分布在吉林东部、辽宁东部、安徽南部、江苏大部和云南北部地区。

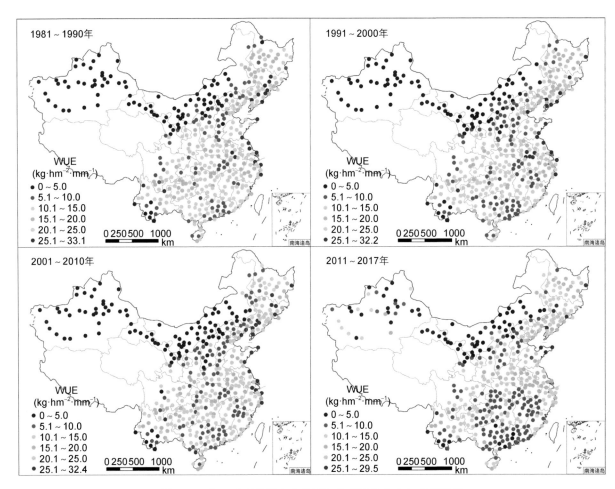

图 3-24　春玉米雨养潜在产量下水分利用效率各年代平均值
台湾省资料暂缺

　　4 张小图分别代表 4 个年代春玉米雨养潜在产量下水分利用效率年代平均值，依次为 20 世纪 80 年代（1981～1990 年）和 90 年代（1991～2000 年）、21 世纪前 10 年（2001～2010 年）和 2011～2017 年。图中圆点代表对应年代雨养潜在产量下水分利用效率的平均值，圆点颜色代表水分利用效率的高低，越偏向蓝色代表越低，越偏向红色代表越高。

　　研究区域内春玉米 4 个年代雨养潜在产量下水分利用效率与 37 年水分利用效率的平均值空间分布趋势相同，总体表现为自西向东增加。20 世纪 80 年代，全区雨养潜在产量下水分利用效率为 0～33.1 kg·hm^{-2}·mm^{-1}。与 20 世纪 80 年代相比，20 世纪 90 年代和 21 世纪前 10 年雨养潜在产量下水分利用效率大于 5.1 kg·hm^{-2}·mm^{-1} 在山西大部降低到 5.0 kg·hm^{-2}·mm^{-1} 以下，在广西和广东南部 10.1～15.0 kg·hm^{-2}·mm^{-1} 的站点数量减少，5.1～10.0 kg·hm^{-2}·mm^{-1} 的站点增加；2011～2017 年，新疆西部、山西和陕西大部站点水分利用效率由 5.0 kg·hm^{-2}·mm^{-1} 以下提高至 5.1 kg·hm^{-2}·mm^{-1} 以上，但在江苏和浙江东部、广西南部和广东大部水分利用效率有所降低。

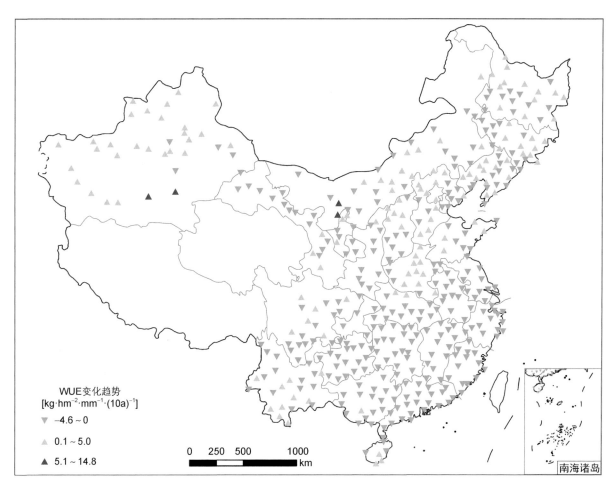

图 3-25　近 37 年春玉米雨养潜在产量下水分利用效率变化趋势
台湾省资料暂缺

图中三角形代表近 37 年（1981～2017 年）春玉米雨养潜在产量下水分利用效率的变化趋势，上三角表示提高趋势，下三角表示降低趋势，三角形颜色代表水分利用效率的变化速率，越偏向红色代表提高越快。

研究区域内大多数站点春玉米雨养潜在产量下水分利用效率变化速率为–4.6～5.0 kg·hm^{-2}·mm^{-1}·(10a)$^{-1}$，只在新疆南部和内蒙古西部的 4 个站点提高速率为 5.1 kg·hm^{-2}·mm^{-1}·(10a)$^{-1}$ 以上。其中，南方地区雨养潜在产量下水分利用效率总体表现为降低的趋势，只在云南、四川中部和海南南部部分站点表现为提高趋势；北方地区春玉米水分利用效率的变化趋势区域差异性明显，新疆大部、河南大部、河北大部、山西北部、内蒙古中部、辽宁大部、吉林东部和黑龙江大部地区站点水分利用效率表现为提高趋势。

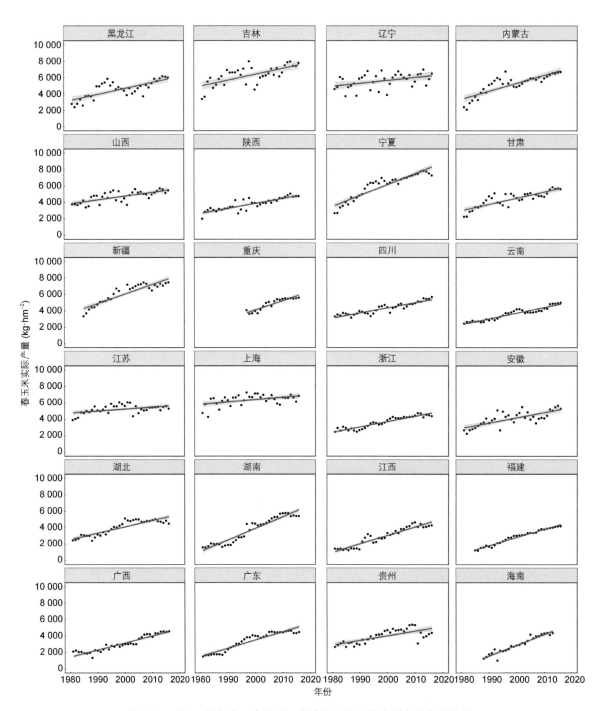

图 3-26 近 37 年各省（自治区、直辖市）春玉米实际产量变化趋势

　　各小图分别表示各省（自治区、直辖市）1981～2017 年逐年春玉米实际产量及其线性变化趋势。横坐标表示年份，为 1981～2017 年；纵坐标表示春玉米实际产量。

　　近 37 年各省（自治区、直辖市）春玉米实际产量随年代增加整体呈提高趋势，但区域间产量提高速率差异显著。其中，湖南、宁夏、海南、新疆、重庆、江西和广东春玉米实际产量提高速率较快（每 10 年提高 1.0 t·hm⁻² 以上），而山西、辽宁、上海和江苏春玉米实际产量提高速率较慢（每 10 年提高 0.5 t·hm⁻² 以下）。其他省份的产量提高速率介于两者之间。

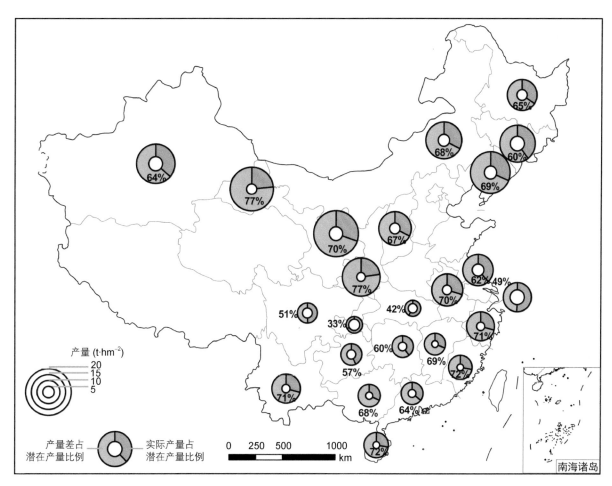

图 3-27　近 37 年各省（自治区、直辖市）春玉米实际产量与光温潜在产量之间产量差的空间分布
台湾省资料暂缺

　　图中空心饼图代表近 37 年（1981～2017 年）我国春玉米潜在种植区内各省（自治区、直辖市）春玉米实际产量与光温潜在产量之间产量差。内圆表示实际产量，外圆表示光温潜在产量，圆环大小代表产量的数值大小，圆环面积越大，产量越高。外圆与内圆内的蓝色部分表示产量差占光温潜在产量的比例，红色部分表示实际产量占光温潜在产量的比例，蓝色（红色）区域面积越大表示占比越高。

　　研究区域内春玉米实际产量与光温潜在产量之间产量差变化范围为 33%～77%。其中，重庆产量差最小，为 33%；陕西和甘肃由于光温资源较好，春玉米潜在产量较高，而实际产量较低，使得该省份产量差最大，为 77%。东北、西北和华南春玉米区产量差为 60%～77%，产量仍有很大的提升空间，长江中下游地区春玉米产量差相对较小，为 42%～71%，西南地区春玉米产量差区域内差异较大，为 33%～71%。

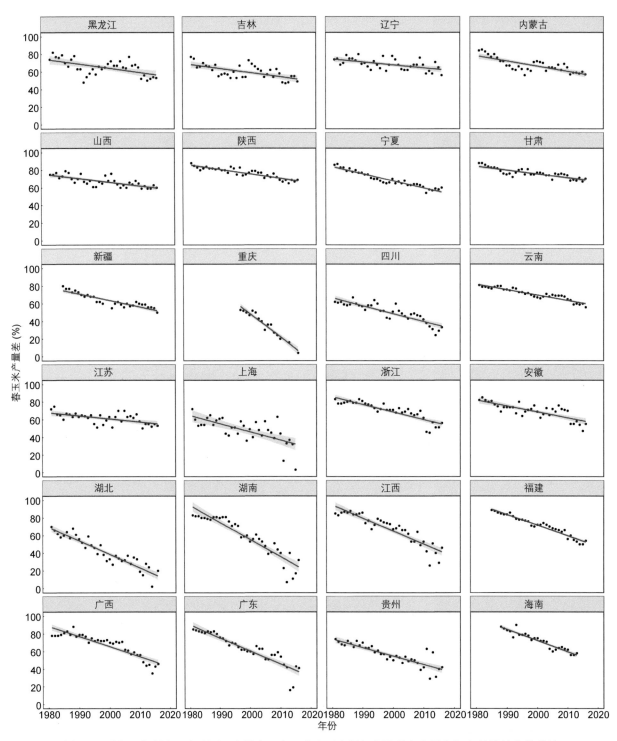

图 3-28　近 37 年各省（自治区、直辖市）春玉米实际产量与光温潜在产量之间产量差的变化趋势

　　各小图分别表示各省（自治区、直辖市）1981～2017 年逐年春玉米实际产量与光温潜在产量之间产量差及其线性变化趋势。横坐标表示年份，为 1981～2017 年；纵坐标表示春玉米产量差。

　　近 37 年研究区域内各省（自治区、直辖市）春玉米产量差随年代增加呈缩小趋势，变化范围为每 10 年缩小 3.3%～26.4%。产量差缩小趋势最大的地区为重庆，每 10 年缩小 26.4%，但需要注意的是重庆的实际产量是从 1997 年成立开始计算的。产量差缩小趋势最小的地区为辽宁，每 10 年缩小 3.3%。

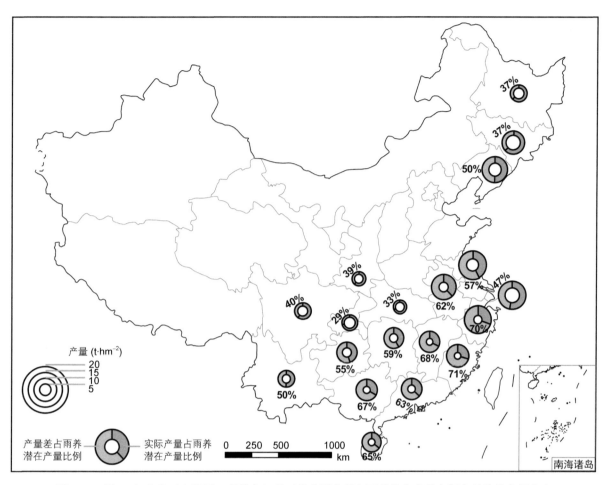

图 3-29　近 37 年各省（自治区、直辖市）春玉米实际产量与雨养潜在产量之间产量差的空间分布
台湾省资料暂缺

　　图中空心饼图代表近 37 年（1981～2017 年）我国春玉米潜在种植区内各省（自治区、直辖市）春玉米实际产量与雨养潜在产量之间产量差的空间分布。内圆表示实际产量，外圆表示雨养潜在产量，圆环大小代表产量的数值大小，圆环面积越大，产量越高。外圆与内圆内的蓝色部分表示产量差占雨养潜在产量的比例，红色部分表示实际产量占雨养潜在产量的比例，蓝色（红色）区域面积越大表示占比越高。

　　研究区域内春玉米实际产量与雨养潜在产量之间产量差总体表现为东部大于西部，变化范围为 29%～71%。其中，重庆产量差最小，为 29%；浙江和福建春玉米雨养潜在产量较高，而实际产量较低，使得产量差最大，为 70% 左右。

第 4 章　夏玉米潜在产量及气候资源利用图

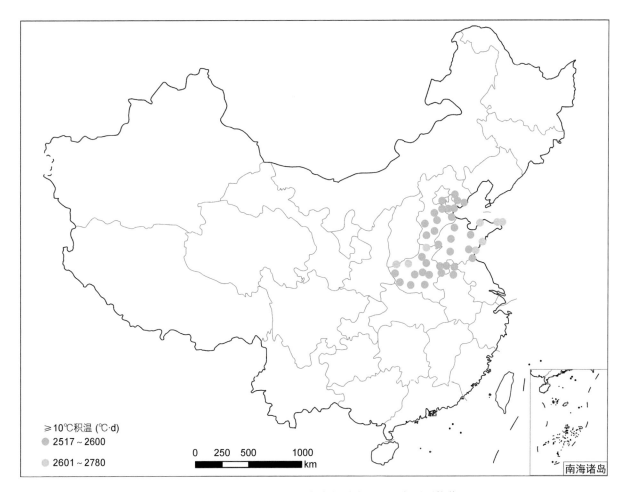

图 4-1　近 37 年夏玉米生长季内≥10℃积温平均值
台湾省资料暂缺

　　图中圆点代表 1981～2017 年夏玉米生长季内≥10℃积温的平均值，圆点颜色代表积温的高低，越偏向蓝色代表越低，越偏向红色代表越高。

　　研究区域内夏玉米生长季内≥10℃积温在区域内差别不大，北京、天津、河北北部部分地区、河北中部和南部、山东中部和西部、河南大部分地区、安徽北部和江苏北部都集中为 2517～2600℃·d，仅山东半岛和河南西北部地区，≥10℃积温较高，为 2601～2780℃·d。

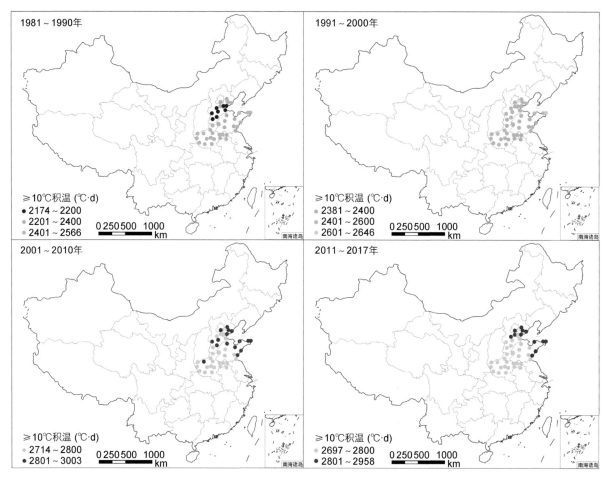

图 4-2　夏玉米生长季内≥10℃积温各年代平均值

台湾省资料暂缺

4 张小图分别代表 4 个年代夏玉米生长季内≥10℃积温值,依次为 20 世纪 80 年代(1981~1990 年)和 90 年代(1991~2000 年)、21 世纪前 10 年(2001~2010 年)和 2011~2017 年。图中圆点代表对应年代≥10℃积温的平均值,圆点颜色代表积温的高低,越偏向蓝色代表越低,越偏向红色代表越高。

总体而言,≥10℃积温随年代增加呈增加趋势。20 世纪 80 年代夏玉米生长季内≥10℃积温呈一定的纬度分布特征,由南到北≥10℃积温递减。其中河南和山东半岛最高,为 2401~2566℃·d;其次是山东中部西部,以及北京到河北唐山一带,为 2201~2400℃·d,河北中部和南部、天津等区域≥10℃积温最低,为 2174~2200℃·d。20 世纪 90 年代≥10℃积温分布较为均匀,除个别站点外,≥10℃积温均为 2401~2600℃·d,其中≥10℃积温较高的站点出现在山东半岛,最高为 2601~2646℃·d。21 世纪前 10 年≥10℃积温在河南大部分地区、山东中部和西部及河北部分地区较低,为 2714~2800℃·d,山东半岛、河北中部部分地区、北京、天津和河北唐山一带≥10℃积温较高,为 2801~3003℃·d。2011~2017 年≥10℃积温与 2001~2010 年分布较为一致,山东半岛、北京、天津和河北唐山一带≥10℃积温较高,为 2801~2958℃·d,其他地区为 2697~2800℃·d。

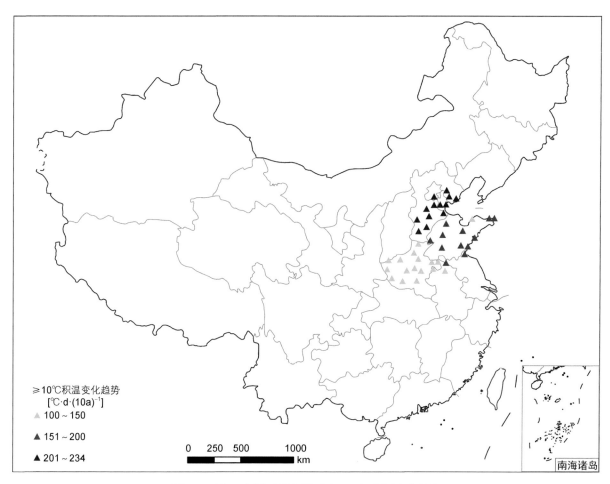

图 4-3　近 37 年夏玉米生长季内≥10℃积温变化趋势
台湾省资料暂缺

图中三角形代表近 37 年（1981～2017 年）夏玉米生长季内≥10℃积温变化趋势，上三角表示升高趋势，三角形颜色代表≥10℃积温变化速率，越偏向红色代表升高越快。

近 37 年研究区域内夏玉米生长季内≥10℃积温均呈升高趋势。其中河南升高趋势最小，为 100～150℃·d·(10a)$^{-1}$；其次是山东，为 151～200℃·d·(10a)$^{-1}$，最大的是河北、北京和天津，为 201～234℃·d·(10a)$^{-1}$。

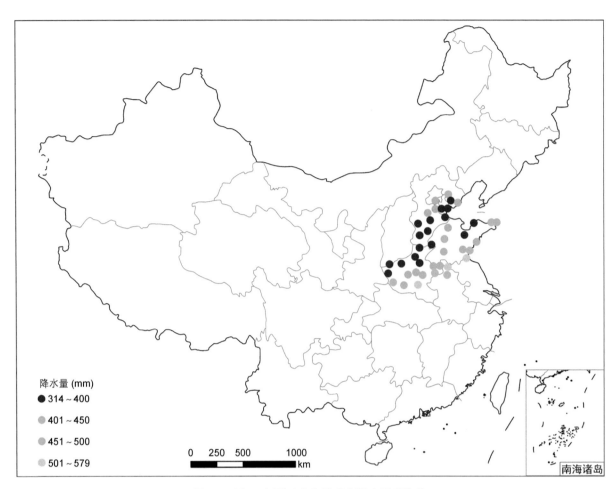

图 4-4　近 37 年夏玉米生长季内降水量平均值

台湾省资料暂缺

　　图中圆点代表 1981～2017 年夏玉米生长季内降水量的平均值，圆点颜色代表降水量的多少，越偏向蓝色代表越少，越偏向黄色代表越多。

　　夏玉米生长季内降水量呈由东南到西北逐渐减少的特征。山东南部和河南南部降水量最大，平均为 451 mm 以上，最高降水量可达 501～579 mm。山东中部地区、河南中部地区及北京到河北唐山一带，降水量次之，为 401～500 mm。降水量最小的区域为河南西北部和北部地区、山东半岛北部部分地区、河北南部及天津一带，为 314～400 mm。

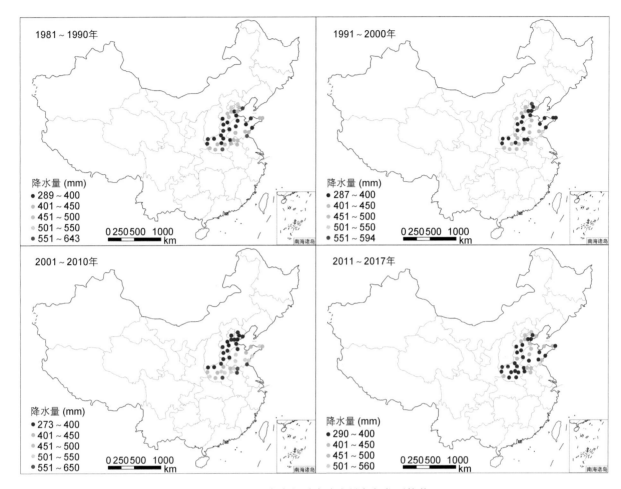

图 4-5　夏玉米生长季内降水量各年代平均值

台湾省资料暂缺

　　4 张小图分别代表 4 个年代夏玉米生长季内降水量，依次为 20 世纪 80 年代（1981～1990 年）和 90 年代（1991～2000 年）、21 世纪前 10 年（2001～2010 年）和 2011～2017 年。图中圆点代表对应年代降水量的平均值，圆点颜色代表降水量的多少，越偏向蓝色代表越少，越偏向红色代表越多。

　　20 世纪 80 年代夏玉米生长季内降水量呈北部和南部较多、中部较少的趋势。河北北部、北京和天津一带，以及山东南部和河南南部等地区，降水量较多，平均在 401 mm 以上，个别站点为 551 mm 以上。河北南部、山东西部和河南北部地区，降水量较少，为 289～400 mm。20 世纪 90 年代降水量分布与 80 年代较为一致，但山东南部和河北南部降水量有所减少，而山东中部地区降水量有所增加。21 世纪前 10 年降水量呈显著的由东南向西北减少的趋势，从山东南部和河南南部的 551～650 mm，递减到河南中部和山东中部的 451～550 mm，河南北部、河北、北京和天津最低，为 273～400 mm。2011～2017 年夏玉米生长季内降水量整体较其他年代偏少，山东中部和南部、北京到河北唐山一带，降水量较多，为 401 mm 以上，其他地区降水量为 290～400 mm。

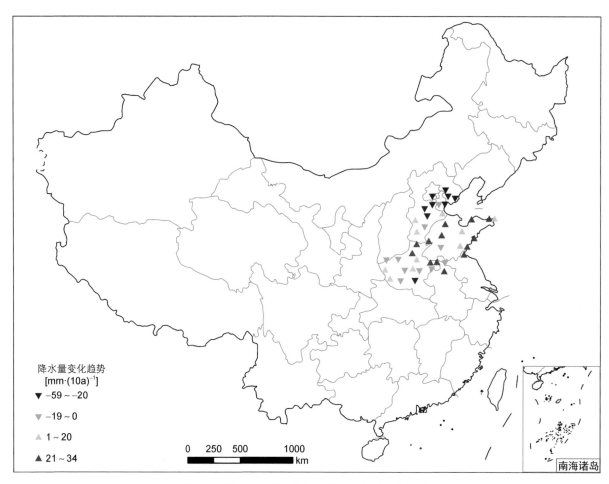

图 4-6 近 37 年夏玉米生长季内降水量变化趋势
台湾省资料暂缺

　　图中三角形代表近 37 年（1981～2017 年）夏玉米生长季内降水量变化趋势，上三角表示增加趋势，下三角表示减少趋势，三角形颜色代表降水量变化速率，越偏向蓝色代表减少越快，越偏向红色代表增加越快。

　　近 37 年研究区域内夏玉米生长季内降水量在山东大部分地区、河北南部、河南北部呈增加趋势，其中山东半岛、河南北部和南部的降水增幅最大，每 10 年增加 21～34 mm，其他地区为 1～20 mm·(10a)$^{-1}$。河南大部分地区及河北北部、北京和天津一带，降水量呈减少的趋势，其中河北北部、北京和天津一带减少趋势最大，每 10 年减少 20～59 mm，其他地区每 10 年减少 0～19 mm。

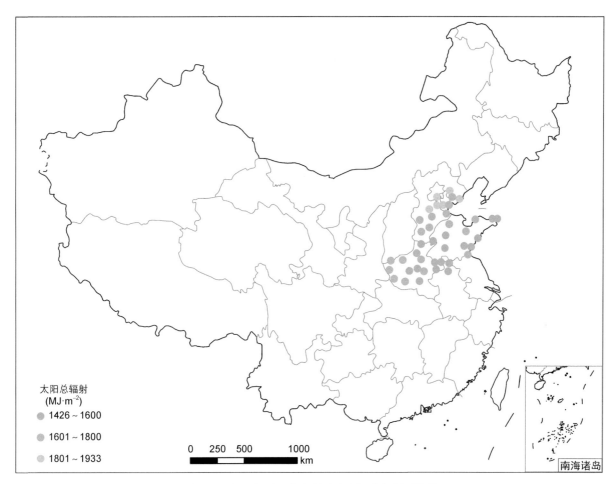

图 4-7　近 37 年夏玉米生长季内太阳总辐射平均值
台湾省资料暂缺

　　图中圆点代表1981～2017年夏玉米生长季内太阳总辐射的平均值,圆点颜色代表太阳总辐射的高低,越偏向蓝色代表越低,越偏向黄色代表越高。

　　研究区域内夏玉米生长季内太阳总辐射分布呈由东南向西北减少的趋势。山东中部和南部,以及河南东部等地太阳总辐射最少,为 1426～1600 MJ·m^{-2};河南西部、河北南部和山东北部等地太阳总辐射较高,为 1601～1800 MJ·m^{-2};最大值出现在河北北部到北京一带,为 1801～1933 MJ·m^{-2}。

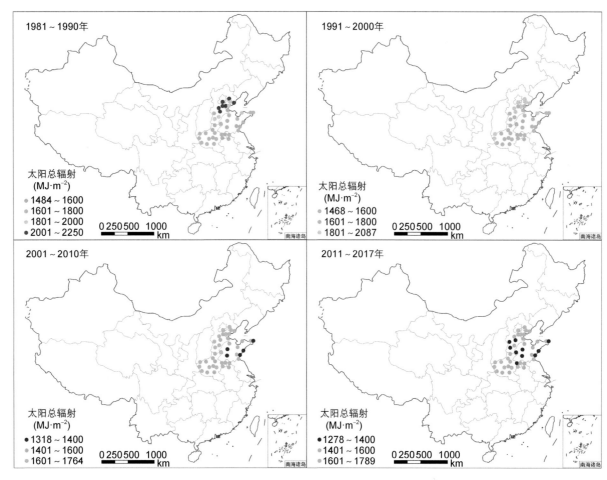

图 4-8　夏玉米生长季内太阳总辐射各年代平均值
台湾省资料暂缺

4 张小图分别代表 4 个年代夏玉米生长季内太阳总辐射，依次为 20 世纪 80 年代（1981～1990 年）和 90 年代（1991～2000 年）、21 世纪前 10 年（2001～2010 年）和 2011～2017 年。图中圆点代表对应年代太阳总辐射的平均值，圆点颜色代表太阳总辐射的高低，越偏向蓝色代表越低，越偏向红色代表越高。

总体而言，随着年代的增加，夏玉米生长季内太阳总辐射呈减少的趋势。20 世纪 80 年代，太阳总辐射呈明显的纬度分布，随着纬度的增加，太阳总辐射量增加。其中最低值出现在河南东部、山东南部和安徽北部，为 1484～1600 MJ·m^{-2}；河南中部和西部、山东北部较高，为 1601～1800 MJ·m^{-2}；河北北部为 1801～2000 MJ·m^{-2}；北京、天津和河北唐山一带最高，为 2001～2250 MJ·m^{-2}。20 世纪 90 年代与 80 年代类似，北京、天津和河北唐山一带辐射值有所降低，为 1801～2087 MJ·m^{-2}。21 世纪前 10 年太阳总辐射呈山东最低，而四周较高的分布，山东半岛太阳总辐射最低，为 1318～1400 MJ·m^{-2}，其次是河南南部和安徽北部，为 1401～1600 MJ·m^{-2}，最高为河北北部到北京和天津一带，为 1601～1764 MJ·m^{-2}。2011～2017 年分布与 21 世纪前 10 年类似，但河北北部和山东西部太阳总辐射有所降低，与山东半岛一样，为 1278～1400 MJ·m^{-2}。

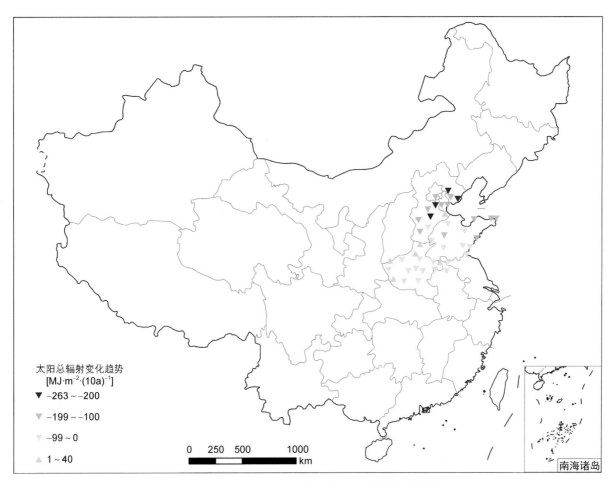

图 4-9　近 37 年夏玉米生长季内太阳总辐射变化趋势

台湾省资料暂缺

　　图中三角形代表近 37 年（1981～2017 年）夏玉米生长季内太阳总辐射变化趋势，上三角表示增加趋势，下三角表示减少趋势，三角形颜色代表太阳总辐射变化速率，越偏向蓝色代表减少越快。

　　整体来说，近 37 年研究区域内夏玉米生长季内太阳总辐射呈减少的趋势，且由南到北，减少趋势逐渐增大。河南、山东中部和南部减少趋势最小，平均每 10 年减少 0～99 MJ·m^{-2}，且有一部分站点呈增加趋势，每 10 年增加 1～40 MJ·m^{-2}。山东东部、河北南部减少趋势较大，每 10 年减少 100～199 MJ·m^{-2}，减少趋势最大的是河北中部和北部、北京和天津一带，最大减幅为每 10 年减少 200～263 MJ·m^{-2}。

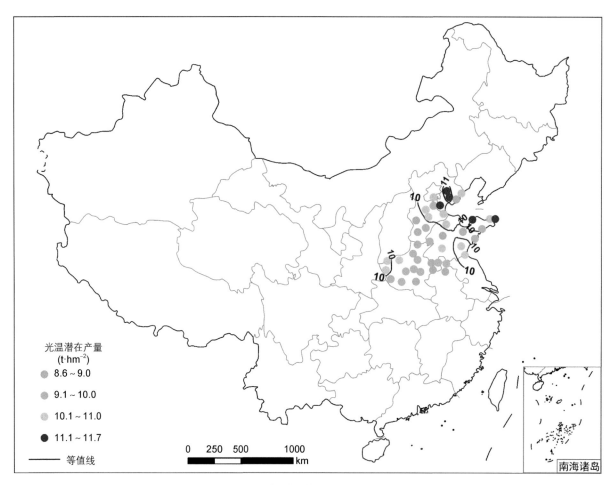

图 4-10 近 37 年夏玉米光温潜在产量平均值
台湾省资料暂缺

图中圆点代表近 37 年（1981～2017 年）夏玉米光温潜在产量的平均值，圆点颜色代表光温潜在产量的高低，越偏向蓝色代表越低，越偏向红色代表越高。紫色的曲线代表产量等值线，线两端的数字为该等值线对应的产量。

研究区域内夏玉米光温潜在产量平均值呈中部和南部低，北部、东部和西部高的特征。河南大部、山东西部和河北南部光温潜在产量最低，平均为 8.6～10.0 t·hm^{-2}。其次是河南西部、山东东南部和北部、河北中部地区，光温潜在产量水平较高，为 10.1～11.0 t·hm^{-2}，山东半岛东部、天津到河北唐山一带光温潜在产量最高，达 11.1～11.7 t·hm^{-2}。

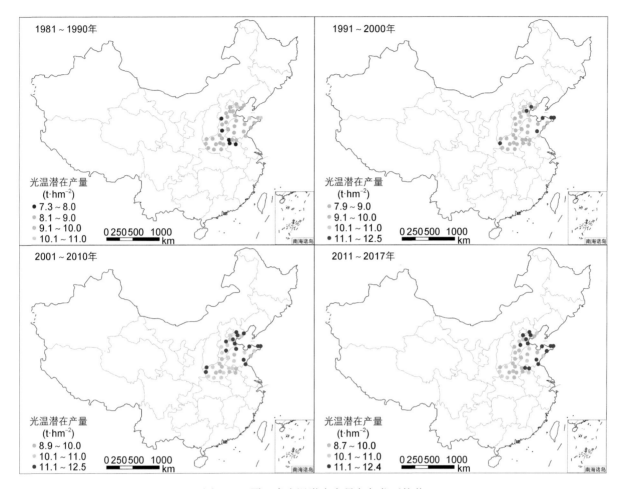

图 4-11　夏玉米光温潜在产量各年代平均值
台湾省资料暂缺

　　4 张小图分别代表 4 个年代夏玉米光温潜在产量年代平均值，依次为 20 世纪 80 年代（1981~1990 年）和 90 年代（1991~2000 年）、21 世纪前 10 年（2001~2010 年）和 2011~2017 年。图中圆点代表对应年代光温潜在产量的平均值，圆点颜色代表光温潜在产量的高低，越偏向蓝色代表越低，越偏向红色代表越高。

　　总体而言，夏玉米光温潜在产量随年代增加呈提高趋势。20 世纪 80 年代，河南、山东、河北北部等地区集中在 8.1~10.0 t·hm^{-2}，安徽北部和河南南部、河北中部和北部部分地区光温潜在产量则较低，为 7.3~8.0 t·hm^{-2}，山东半岛东部、天津等地，光温潜在产量最高，为 10.1~11.0 t·hm^{-2}。20 世纪 90 年代，光温潜在产量分布趋势表现为中部和南部较低，北部和东部较高。河南大部、山东西部和河北南部等地，光温潜在产量较低，为 7.9~10.0 t·hm^{-2}。山东半岛东部、北京和天津一带，光温潜在产量较高，为 10.1~12.5 t·hm^{-2}。21 世纪前 10 年与 20 世纪 80 年代的分布较为类似，河南大部、山东西部和河北南部光温潜在产量较低，为 8.9~11.0 t·hm^{-2}，河南西部、山东半岛东部、河北北部、北京和天津一带，光温潜在产量较高，为 11.0~12.5 t·hm^{-2}。2011~2017 年，光温潜在产量较 21 世纪前 10 年仅河南西部有所降低，为 10.1~11.0 t·hm^{-2}，其他区域变化不大。

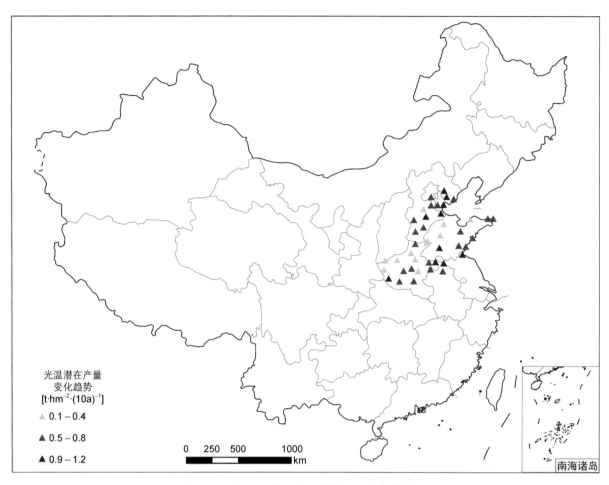

图 4-12 近 37 年夏玉米光温潜在产量变化趋势
台湾省资料暂缺

图中三角形代表近 37 年（1981～2017 年）夏玉米光温潜在产量变化趋势，上三角表示提高趋势，三角形颜色代表光温潜在产量变化速率，越偏向红色代表提高越快。

研究区域内夏玉米光温潜在产量整体呈提高的趋势。其中北京、天津、山东南部和安徽北部提高趋势最大，每 10 年提高 0.9～1.2 t·hm^{-2}。其次是河北、山东东部和河南南部，每 10 年提高 0.5～0.8 t·hm^{-2}，山东中部和北部、河南北部和西部提高趋势最小，每 10 年提高 0.1～0.4 t·hm^{-2}。

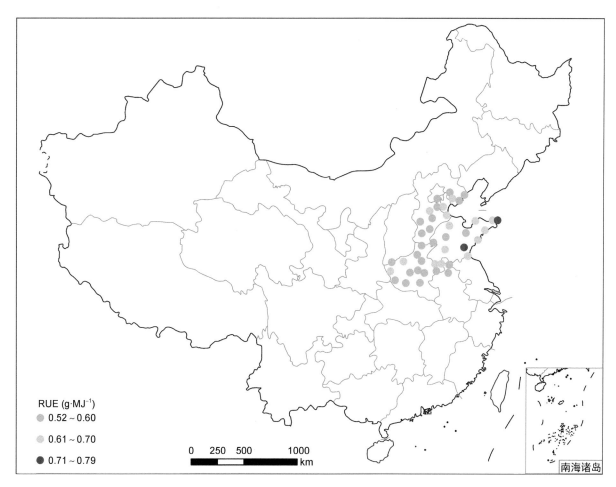

图 4-13　近 37 年夏玉米光温潜在产量下光能利用效率平均值
台湾省资料暂缺

　　图中圆点代表 1981～2017 年夏玉米光温潜在产量下光能利用效率的平均值，圆点颜色代表光能利用效率的高低，越偏向蓝色代表越低，越偏向红色代表越高。

　　研究区域内夏玉米光温潜在产量下光能利用效率呈东部高西部低的分布趋势。河南和河北北部大部分地区，光能利用效率最低，集中在 $0.52 \sim 0.60 \ \mathrm{g \cdot MJ^{-1}}$。山东大部、河北东部和天津等地，光能利用效率为 $0.61 \sim 0.70 \ \mathrm{g \cdot MJ^{-1}}$，且部分站点可达 $0.71 \sim 0.79 \ \mathrm{g \cdot MJ^{-1}}$。

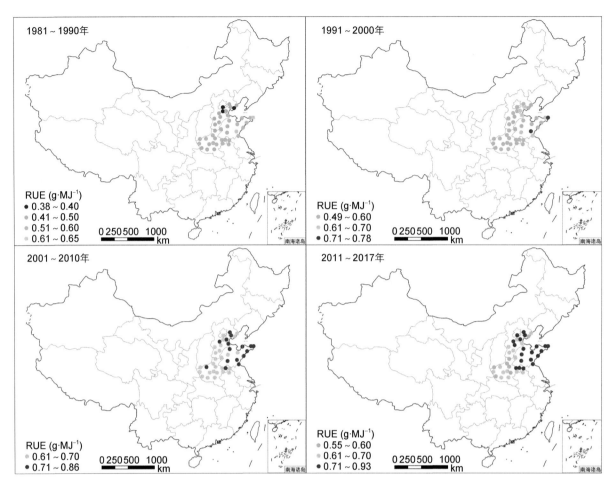

图 4-14　夏玉米光温潜在产量下光能利用效率各年代平均值

台湾省资料暂缺

　　4 张小图分别代表 4 个年代夏玉米光温潜在产量下光能利用效率年代平均值，依次为 20 世纪 80 年代（1981～1990 年）和 90 年代（1991～2000 年）、21 世纪前 10 年（2001～2010 年）和 2011～2017 年。图中圆点代表对应年代光温潜在产量下光能利用效率的平均值，圆点颜色代表光能利用效率的高低，越偏向蓝色代表越低，越偏向红色代表越高。

　　整体而言，随年代增加夏玉米光温潜在产量下光能利用效率呈提高趋势。20 世纪 80 年代，光能利用效率呈纬度分布特征，即由北向南逐渐提高。河北、北京和天津等地光能利用效率最低，为 0.38～0.50 g·MJ^{-1}，山东和河南光能利用效率较高，平均为 0.51～0.60 g·MJ^{-1}。20 世纪 90 年代光能利用效率除部分地区外，全区较为一致，平均为 0.49～0.60 g·MJ^{-1}。山东半岛部分地区及天津附近，光能利用效率较高，为 0.61～0.70 g·MJ^{-1}，个别站点达 0.71～0.78 g·MJ^{-1}。21 世纪前 10 年光能利用效率分布呈东部高西部低的趋势，山东半岛、河北西部、北京和天津一带较高，为 0.71～0.86 g·MJ^{-1}。其他区域较低，为 0.61～0.70 g·MJ^{-1}。2011～2017 年，山东、河北北部、北京和天津一带光能利用效率最高，为 0.71～0.93 g·MJ^{-1}，其次是河北南部、河南南部和安徽北部，为 0.61～0.70 g·MJ^{-1}，河南北部和西部部分站点光能利用效率较低，为 0.55～0.60 g·MJ^{-1}。

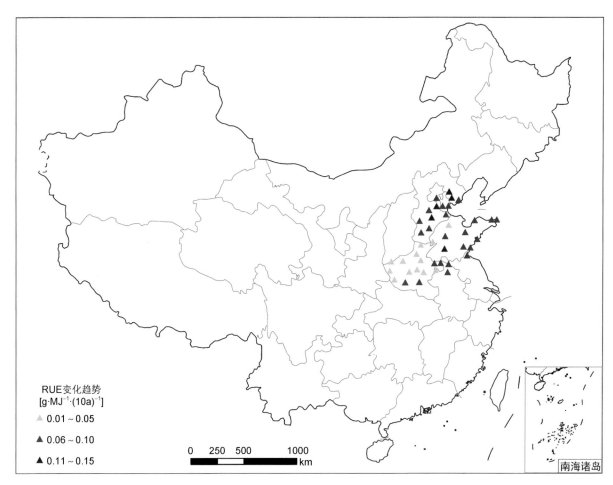

图 4-15　近 37 年夏玉米光温潜在产量下光能利用效率变化趋势
台湾省资料暂缺

　　图中三角形代表近 37 年（1981～2017 年）夏玉米光温潜在产量下光能利用效率的变化趋势，上三角表示提高趋势，三角形颜色代表光能利用效率的变化速率，越偏向红色代表提高越快。

　　近 37 年夏玉米光温潜在产量下光能利用效率均呈提高趋势。河南变化趋势较小，其次是山东，河北、北京和天津较大。其中，河南大部分地区光能利用效率变化趋势为 0.01～0.05 g·MJ^{-1}·(10a)$^{-1}$，山东东部、安徽北部、河南南部、河北南部大部分地区，变化趋势为 0.06～0.10 g·MJ^{-1}·(10a)$^{-1}$，山东中部、河北中部和北部变化趋势最大，为 0.11～0.15 g·MJ^{-1}·(10a)$^{-1}$。

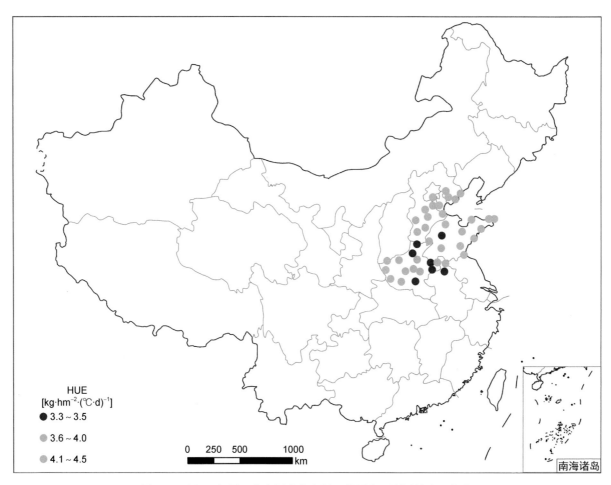

图 4-16　近 37 年夏玉米光温潜在产量下热量资源利用效率平均值

台湾省资料暂缺

图中圆点代表 1981～2017 年夏玉米光温潜在产量下热量资源利用效率的平均值，圆点颜色代表热量资源利用效率的高低，越偏向蓝色代表越低，越偏向绿色代表越高。

研究区域内夏玉米光温潜在产量下热量资源利用效率变化范围为 3.3～4.5 kg·hm^{-2}·(℃·d)$^{-1}$。河南北部、安徽北部等地，热量资源利用效率最小，为 3.3～3.5 kg·hm^{-2}·(℃·d)$^{-1}$；河南中部和西部、山东中部、河北南部热量资源利用效率较高，为 3.6～4.0 kg·hm^{-2}·(℃·d)$^{-1}$；山东半岛北部、北京、天津和河北唐山一带，热量资源利用效率最高，为 4.1～4.5 kg·hm^{-2}·(℃·d)$^{-1}$。

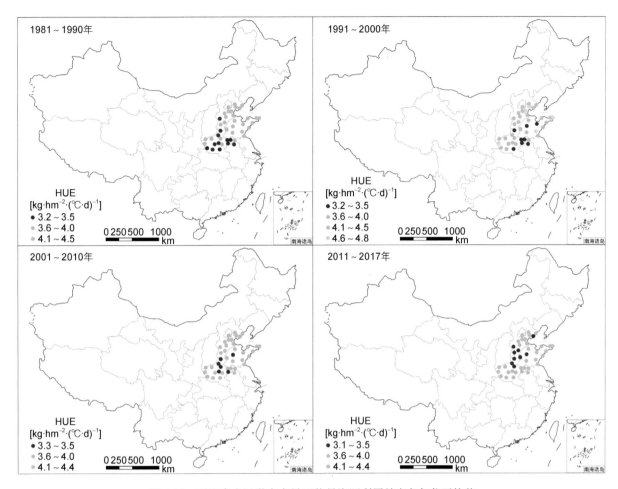

图 4-17　夏玉米光温潜在产量下热量资源利用效率各年代平均值

台湾省资料暂缺

　　4 张小图分别代表 4 个年代夏玉米光温潜在产量下热量资源利用效率年代平均值，依次为 20 世纪 80 年代（1981～1990 年）和 90 年代（1991～2000 年）、21 世纪前 10 年（2001～2010 年）和 2011～2017 年。图中圆点代表对应年代光温潜在产量下热量资源利用效率的平均值，圆点颜色代表热量资源利用效率的高低，越偏向蓝色代表越低，越偏向黄色代表越高。

　　各年代仅 20 世纪 90 年代热量资源利用效率略高，其他年代间变化不大。20 世纪 80 年代，热量资源利用效率呈由北向南递减的趋势，河南最小，集中在 3.2～3.5 kg·hm^{-2}·($^{\circ}$C·d)$^{-1}$，山东和河北差别不大，集中在 3.6～4.0 kg·hm^{-2}·($^{\circ}$C·d)$^{-1}$，个别站点达 4.1～4.5 kg·hm^{-2}·($^{\circ}$C·d)$^{-1}$。20 世纪 90 年代热量资源利用效率河南西部和安徽北部较低，为 3.2～3.5 kg·hm^{-2}·($^{\circ}$C·d)$^{-1}$；河南中部和河北南部较高，为 3.6～4.0 kg·hm^{-2}·($^{\circ}$C·d)$^{-1}$；河南西部、河北北部、北京、天津和山东东部利用效率最高，为 4.1～4.5 kg·hm^{-2}·($^{\circ}$C·d)$^{-1}$，个别站点达 4.6～4.8 kg·hm^{-2}·($^{\circ}$C·d)$^{-1}$。21 世纪前 10 年热量资源利用效率呈中间低四周高的趋势。河南北部、山东东部热量资源利用效率最低，为 3.3～3.5 kg·hm^{-2}·($^{\circ}$C·d)$^{-1}$，其他地区集中在 3.6～4.4 kg·hm^{-2}·($^{\circ}$C·d)$^{-1}$。2011～2017 年，热量资源利用效率在河南北部、山东西部和河北南部最低，为 3.1～3.5 kg·hm^{-2}·($^{\circ}$C·d)$^{-1}$，在河南其他地区和山东中部较高，为 3.6～4.0 kg·hm^{-2}·($^{\circ}$C·d)$^{-1}$，河北北部、北京、天津和山东半岛利用效率最高，为 4.1～4.4 kg·hm^{-2}·($^{\circ}$C·d)$^{-1}$。

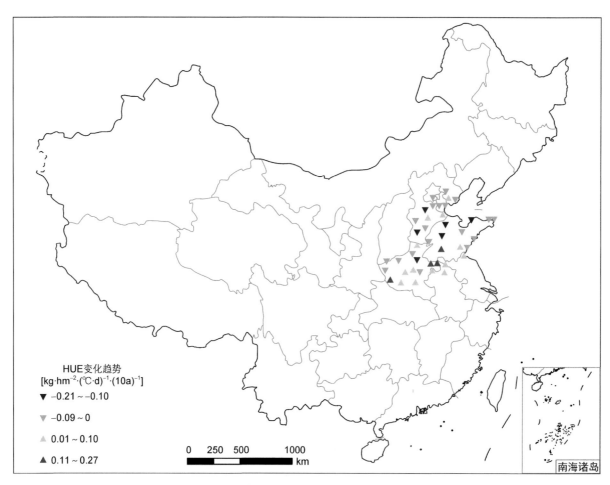

图 4-18　近 37 年夏玉米光温潜在产量下热量资源利用效率变化趋势
台湾省资料暂缺

　　图中三角形代表近 37 年（1981～2017 年）夏玉米光温潜在产量下热量资源利用效率的变化趋势，上三角表示提高趋势，下三角表示降低趋势，三角形颜色代表热量资源利用效率的变化速率，越偏向蓝色代表降低越快，越偏向红色代表提高越快。

　　近 37 年热量资源利用效率在研究区域的南部整体呈提高趋势，在北部整体呈降低趋势。河南南部、山东南部和安徽北部为提高趋势，平均每 10 年提高 0.01～0.10 kg·hm^{-2}·(℃·d)$^{-1}$，河南、山东、安徽三省交界处的个别站点变化趋势达 0.11～0.27 kg·hm^{-2}·(℃·d)$^{-1}$·(10a)$^{-1}$。河南北部和西部、山东北部和东部、河北大部分地区、北京和天津等地，热量资源利用效率呈降低趋势，每 10 年降低 0～0.09 kg·hm^{-2}·(℃·d)$^{-1}$，山东北部、河北中部和河南东北部部分站点，每 10 年降低达 0.10～0.21 kg·hm^{-2}·(℃·d)$^{-1}$。

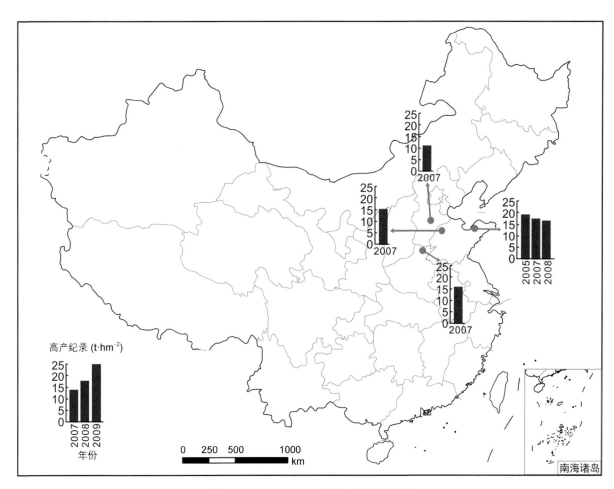

图 4-19　2005～2008 年夏玉米高产纪录
台湾省资料暂缺

图中柱形图代表研究区域 2005～2008 年夏玉米的高产纪录。横坐标为年份，纵坐标为产量。

2005 年夏玉米的高产纪录为山东莱州，产量达 19.3 t·hm^{-2}；2007 年河北辛集高产纪录为 11.2 t·hm^{-2}，河南浚县和山东兖州为 16.0 t·hm^{-2} 和 15.4 t·hm^{-2}，山东莱州为 17.6 t·hm^{-2}；2008 年高产纪录为山东莱州的 16.9 t·hm^{-2}。由此可见，山东夏玉米的高产纪录普遍比其他区域高，其次是河南，河北最低。

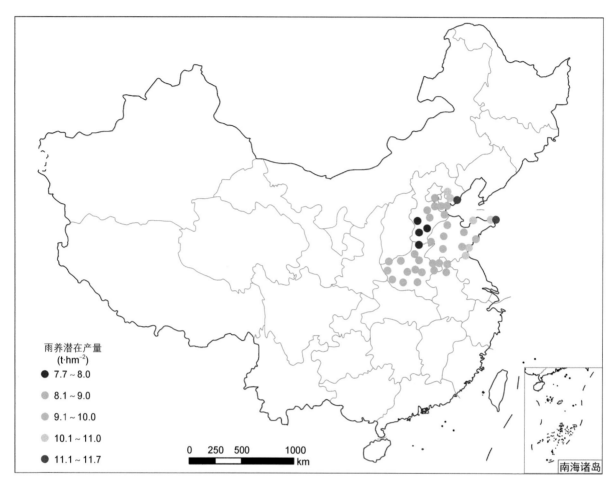

雨养潜在产量
(t·hm⁻²)
● 7.7 ~ 8.0
● 8.1 ~ 9.0
● 9.1 ~ 10.0
● 10.1 ~ 11.0
● 11.1 ~ 11.7

图 4-20　近 37 年夏玉米雨养潜在产量平均值
台湾省资料暂缺

　　图中圆点代表近 37 年（1981～2017 年）夏玉米雨养潜在产量的平均值，圆点颜色代表雨养潜在产量的高低，越偏向蓝色代表越低，越偏向红色代表越高。

　　研究区域内雨养潜在产量在河北北部最低，为 7.7～8.0 t·hm⁻²；河南、山东中部和西部、河北中部、北京和天津一带，雨养潜在产量较高，为 8.1～10.0 t·hm⁻²；山东半岛、河北唐山一带，雨养潜在产量最高，为 10.1～11.0 t·hm⁻²，个别站点达 11.1～11.7 t·hm⁻²。

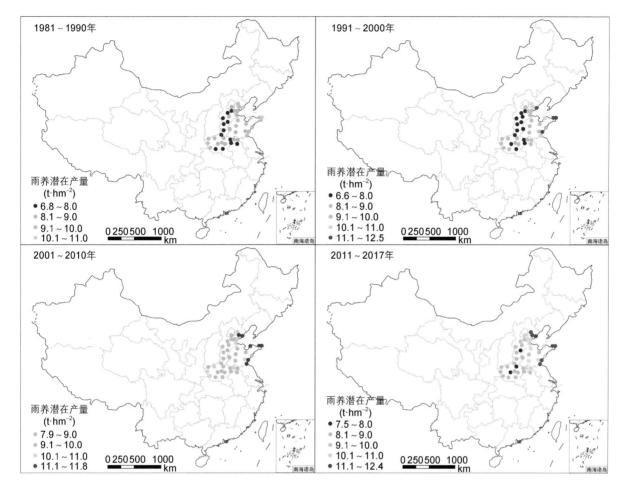

图 4-21　夏玉米雨养潜在产量各年代平均值
台湾省资料暂缺

　　4 张小图分别代表 4 个年代夏玉米雨养潜在产量年代平均值，依次为 20 世纪 80 年代（1981~1990 年）和 90 年代（1991~2000 年）、21 世纪前 10 年（2001~2010 年）和 2011~2017 年。图中圆点代表对应年代雨养潜在产量的平均值，圆点颜色代表雨养潜在产量的高低，越偏向蓝色代表越低，越偏向红色代表越高。

　　研究区域内夏玉米雨养潜在产量随年代增加呈提高趋势。20 世纪 80 年代，雨养潜在产量整体呈西部低东部高的趋势，山东北部、河南西部和安徽北部雨养潜在产量最低，为 6.8~8.0 t·hm^{-2}，河南中部和北部、河北北部、山东中部雨养潜在产量较高，为 8.1~10.0 t·hm^{-2}，山东半岛北部、河北唐山雨养潜在产量最高，可达 10.1~11.0 t·hm^{-2}。20 世纪 90 年代较 80 年代雨养潜在产量变化不大，仅山东半岛和河北唐山等地，产量提高至 11.1~12.5 t·hm^{-2}。21 世纪前 10 年，雨养潜在产量呈中部低、西部和东部较高的分布趋势，河北南部、河南北部和山东西部最低，为 7.9~9.0 t·hm^{-2}，河南西部、北京和天津等地产量较高，为 9.1~11.0 t·hm^{-2}，山东半岛和河北唐山等地最高，为 11.1~11.8 t·hm^{-2}。2011~2017 年，河北南部、河南和山东西部雨养潜在产量较低，为 8.1~10.0 t·hm^{-2}，个别站点为 7.5~8.0 t·hm^{-2}。山东半岛、北京、天津和河北唐山一带，雨养潜在产量最高，达 11.1~12.4 t·hm^{-2}。

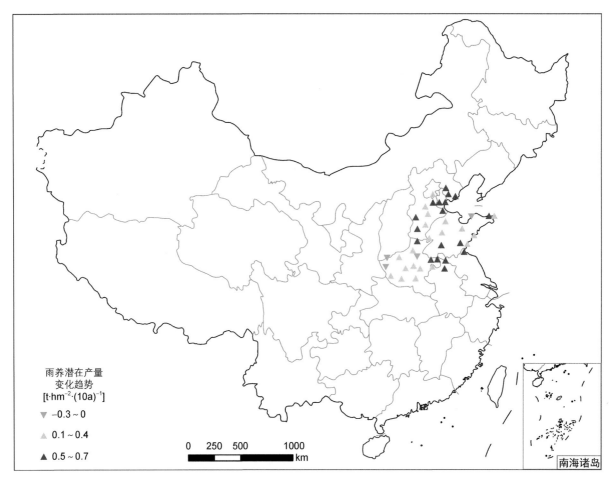

图 4-22　近 37 年夏玉米雨养潜在产量变化趋势
台湾省资料暂缺

　　图中三角形代表近 37 年（1981～2017 年）夏玉米雨养潜在产量的变化趋势，上三角表示提高趋势，下三角表示降低趋势，三角形颜色代表产量的变化速率，越偏向红色代表提高越快。

　　近 37 年研究区域内夏玉米雨养潜在产量整体呈提高趋势。河南西部、北部和山东半岛北部部分站点呈小幅度降低趋势，每 10 年降低 0～0.3 t·hm^{-2}；河南大部分地区、山东中部和北部、河北中部呈提高趋势，每 10 年提高 0.1～0.4 t·hm^{-2}；河南东部、安徽北部、山东东部、河北南部、北京、天津和河北唐山一带提高趋势最大，为 0.5～0.7 t·hm^{-2}·(10a)$^{-1}$。

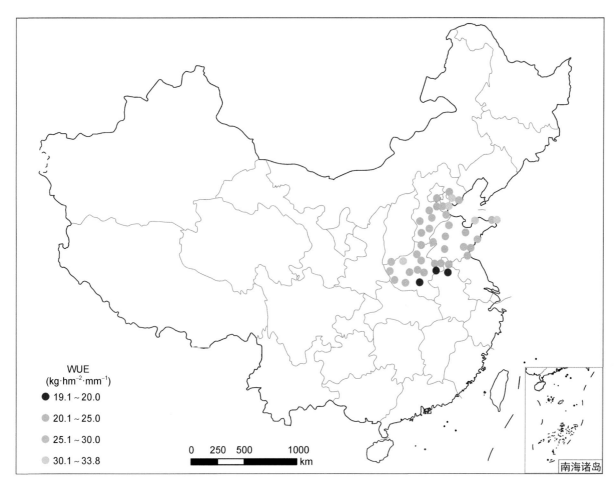

图 4-23　近 37 年夏玉米雨养潜在产量下水分利用效率平均值
台湾省资料暂缺

　　图中圆点代表近 37 年（1981～2017 年）夏玉米雨养潜在产量下水分利用效率的平均值，圆点颜色代表水分利用效率的高低，越偏向蓝色代表越低，越偏向黄色代表越高。

　　研究区域内夏玉米雨养潜在产量下水分利用效率呈随纬度增加而提高的趋势。河南南部、东部及安徽北部部分站点水分利用效率最低，为 19.1～20.0 kg·hm^{-2}·mm^{-1}；河南中部和东部、山东南部、河北北部部分站点水分利用效率为 20.1～25.0 kg·hm^{-2}·mm^{-1}；河南北部、山东半岛及河北东部水分利用效率较高，为 25.1～30.0 kg·hm^{-2}·mm^{-1}，其中部分站点水分利用效率最高，达 30.1～33.8 kg·hm^{-2}·mm^{-1}。

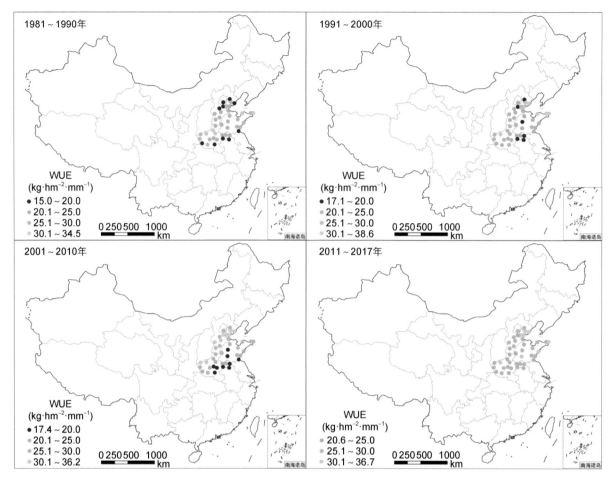

图 4-24 夏玉米雨养潜在产量下水分利用效率各年代平均值
台湾省资料暂缺

4 张小图分别代表 4 个年代夏玉米雨养潜在产量下水分利用效率年代平均值, 依次为 20 世纪 80 年代 (1981~1990 年) 和 90 年代 (1991~2000 年)、21 世纪前 10 年 (2001~2010 年) 和 2011~2017 年。图中圆点代表对应年代雨养潜在产量下水分利用效率的平均值, 圆点颜色代表水分利用效率的高低, 越偏向蓝色代表越低, 越偏向黄色代表越高。

夏玉米雨养潜在产量下水分利用效率随年代增加呈提高趋势。20 世纪 80 年代, 水分利用效率呈南北低、中间高的趋势。其中, 水分利用效率在河南南部、安徽北部、河北北部和北京最低, 为 15.0~20.0 kg·hm^{-2}·mm^{-1}; 河南中部、山东中部和东部、河北南部等地, 水分利用效率为 20.1~30.0 kg·hm^{-2}·mm^{-1}; 河南北部和山东东部部分站点水分利用效率最高, 为 30.1~34.5 kg·hm^{-2}·mm^{-1}。20 世纪 90 年代与 80 年代分布相似, 但研究区域北部和河南南部水分利用效率有所提高, 部分站点为 20.1~25.0 kg·hm^{-2}·mm^{-1}。21 世纪前 10 年水分利用效率呈由南到北逐渐提高的趋势, 其中河南东南部、安徽北部和山东南部最低, 为 17.4~20.0 kg·hm^{-2}·mm^{-1}; 河南中部、山东东部、河北南部水分利用效率较高, 为 20.1~30.0 kg·hm^{-2}·mm^{-1}; 河南北部、河北中部、天津和河北唐山一带, 水分利用效率最高, 为 30.1~36.2 kg·hm^{-2}·mm^{-1}。2011~2017 年水分利用效率分布没有明显规律, 天津、河北北部、山东东部和河南西北部分地区水分利用效率最高, 为 30.1~36.7 kg·hm^{-2}·mm^{-1}, 其他区域均为 20.6~30.0 kg·hm^{-2}·mm^{-1}。

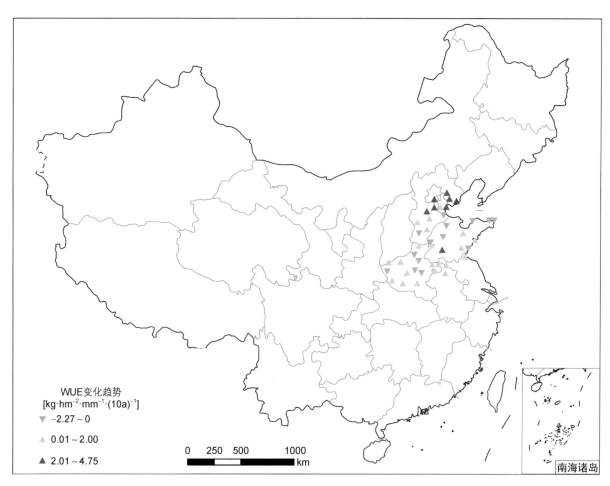

图 4-25　近 37 年夏玉米雨养潜在产量下水分利用效率变化趋势
台湾省资料暂缺

　　图中三角形代表近 37 年（1981～2017 年）夏玉米雨养潜在产量下水分利用效率的变化趋势，上三角表示提高趋势，下三角表示降低趋势，三角形颜色代表水分利用效率的变化速率，越偏向红色代表数值提高越快。

　　近 37 年夏玉米雨养潜在产量下水分利用效率在研究区域东北部到山东北部和西部一带呈降低的趋势，每 10 年降低 0～2.27 kg·hm^{-2}·mm^{-1}；在河南中部和南部、安徽北部、山东南部和河北中部等地，呈提高趋势，每 10 年提高 0.01～2.00 kg·hm^{-2}·mm^{-1}；在山东西南部、河北北部、北京、天津等地，水分利用效率提高趋势最大，每 10 年提高 2.01～4.75 kg·hm^{-2}·mm^{-1}。

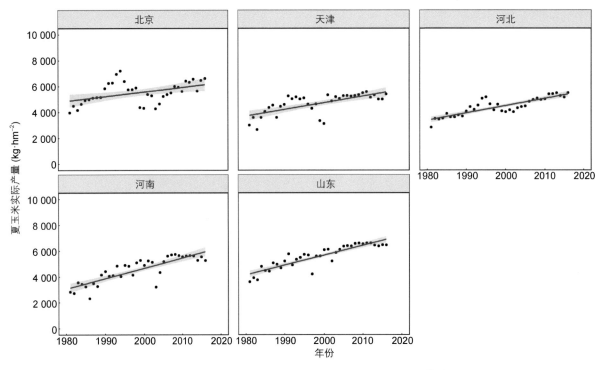

图 4-26　近 37 年各省（直辖市）夏玉米实际产量变化趋势

　　各小图分别表示各省（直辖市）1981～2017 年逐年夏玉米实际产量及其线性变化趋势。横坐标表示年份，为 1981～2017 年；纵坐标表示夏玉米实际产量。

　　近 37 年各省（直辖市）夏玉米实际产量随年代增加均呈提高趋势，其中 20 世纪 80 年代产量均为 4000 kg·hm^{-2} 左右，2011～2017 年均为 6000 kg·hm^{-2} 左右。北京夏玉米实际产量年际间波动较大，为 1990～1995 年达到产量的最大值 8000 kg·hm^{-2} 左右之后呈降低趋势，在 2000～2005 年达到最低值 4000 kg·hm^{-2} 左右之后又呈提高趋势。天津与北京变化趋势大致相同，但整体来说幅度较小，且实际产量较北京小。河北实际产量年际间呈波动提高的趋势，但波动较小，与北京相似，均在 1990～1995 年达到一个高值，为 5000 kg·hm^{-2} 左右，并在 2000～2005 年达到低值，为 4000 kg·hm^{-2} 左右。河南和山东变化趋势大致相同，均与北京类似，呈波动提高的趋势，但年际间没有明显的波峰和波谷，但其实际产量在 20 世纪 80 年代的最低值为 3000 kg·hm^{-2} 左右，显著低于北京、天津和河北。

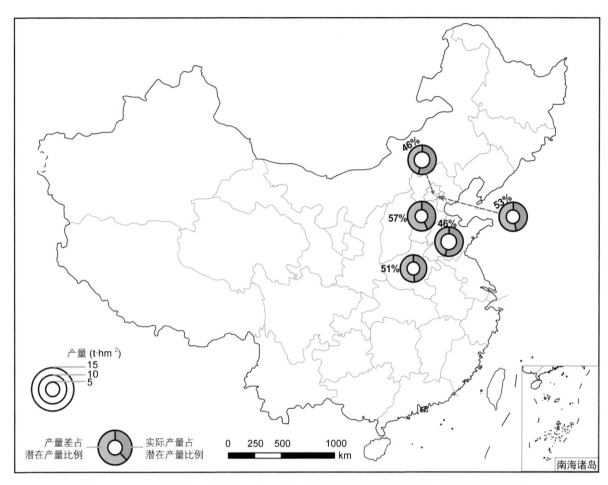

图 4-27　近 37 年各省（直辖市）夏玉米实际产量与光温潜在产量之间产量差的空间分布
台湾省资料暂缺

　　图中空心饼图代表近 37 年（1981～2017 年）我国黄淮海夏玉米产区各省（直辖市）夏玉米实际产量与光温潜在产量之间产量差的空间分布。内圆表示实际产量，外圆表示光温潜在产量，圆环大小代表产量的数值大小，圆环面积越大，产量越高。外圆与内圆内的蓝色部分表示产量差占光温潜在产量的比例，红色部分表示实际产量占光温潜在产量的比例，蓝色（红色）区域面积越大表示占比越高。

　　研究区域各省（直辖市）夏玉米光温潜在产量差别不大，但实际产量差别较大。其中，山东和北京实际产量较高，河北、天津和河南实际产量较低。因此山东和北京的产量差最低（46%），其次是河南（51%）和天津（53%），最高为河北（57%）。

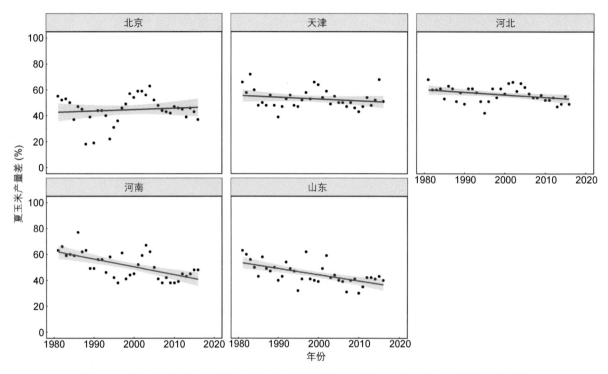

图 4-28　近 37 年各省（直辖市）夏玉米实际产量与光温潜在产量之间产量差的变化趋势

　　各小图分别表示各省（直辖市）1981～2017 年逐年夏玉米实际产量与光温潜在产量之间产量差及其线性变化趋势。横坐标表示年份，为 1981～2017 年；纵坐标表示夏玉米产量差。

　　近 37 年除北京外，各省产量差随时间推移均呈缩小趋势。北京呈明显的波动变化趋势，平均产量差为 40%左右，从时间趋势上来看，20 世纪 80 年代呈缩小趋势，90 年代呈扩大趋势，21 世纪前 10 年之后又呈缩小趋势。天津和河北产量差与北京类似，但幅度较小，且呈波动缩小的趋势，但其均值较北京高。河南和山东产量差随时间变化也呈波动趋势，但整体缩小的趋势显著，从 20 世纪 80 年代的 60%左右缩小到 2011～2017 年的 40%左右。

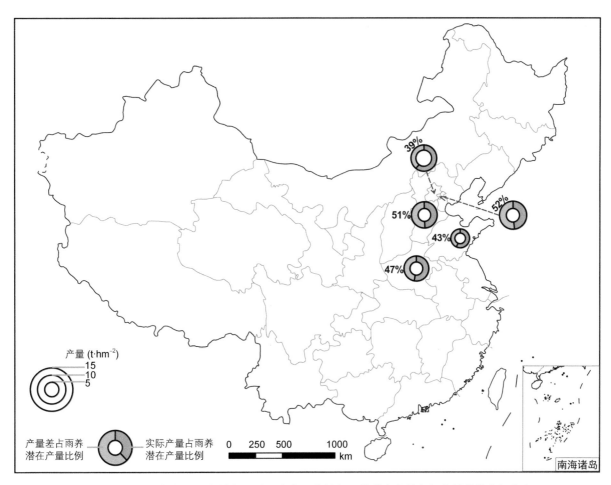

图 4-29 近 37 年各省（直辖市）夏玉米实际产量与雨养潜在产量之间产量差的空间分布

台湾省资料暂缺

　　图中空心饼图代表近 37 年（1981～2017 年）我国黄淮海夏玉米产区各省（直辖市）夏玉米实际产量与雨养潜在产量之间产量差。内圆表示实际产量，外圆表示雨养潜在产量，圆环大小代表产量的数值大小，圆环面积越大，产量越高。外圆与内圆内的蓝色部分表示产量差占雨养潜在产量的比例，红色部分表示实际产量占雨养潜在产量的比例，蓝色（红色）区域面积越大表示占比越高。

　　研究区域各省（直辖市）夏玉米雨养潜在产量和实际产量区域间差异较大。雨养潜在产量北京、天津、河北和河南较高，山东显著低于其他省。实际产量北京较其他省高，天津、河北、山东和河南差距不大。北京实际产量与雨养潜在产量之间产量差最低（39%），其次是山东省（43%）和河南省（47%），天津和河北较高，分别为 52% 和 51%。

第5章　单季稻潜在产量及气候资源利用图

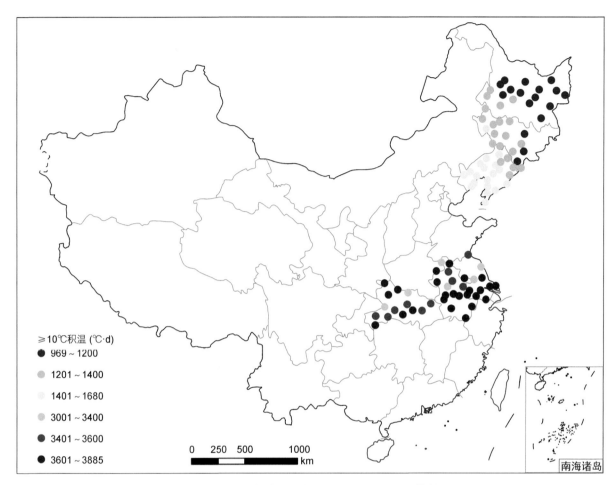

图 5-1　近 37 年单季稻生长季内≥10℃积温平均值
台湾省资料暂缺

　　图中圆点代表 1981～2017 年单季稻生长季内≥10℃积温的平均值，圆点颜色代表积温的高低，越偏向蓝色代表越低，越偏向红色代表越高。

　　研究区域内单季稻生长季内≥10℃积温呈明显的纬向分布特征，即由南向北逐渐降低，全区变化范围为 969～3885℃·d。从各单季稻区的特点来看，东北寒地水稻区单季稻生长季内≥10℃积温较低，为 969～1680℃·d，其中黑龙江整体≥10℃积温最低，大部分地区低于 1200℃·d；南方单季稻区单季稻生长季内≥10℃积温较高，为 3001～3885℃·d，特别是安徽，大部分地区高于 3601℃·d。

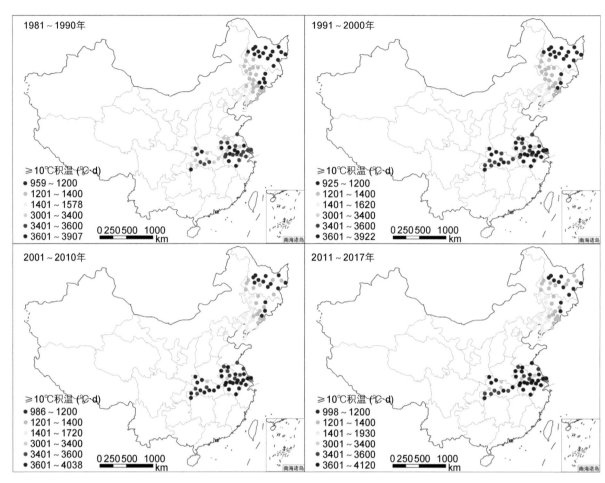

图 5-2　单季稻生长季内≥10℃积温各年代平均值

台湾省资料暂缺

　　4 张小图分别代表 4 个年代单季稻生长季内≥10℃积温值，依次为 20 世纪 80 年代（1981～1990 年）和 90 年代（1991～2000 年）、21 世纪前 10 年（2001～2010 年）和 2011～2017 年。图中圆点代表对应年代≥10℃积温的平均值，圆点颜色代表积温的高低，越偏向蓝色代表越低，越偏向红色代表越高。

　　东北寒地水稻区不同年代间单季稻生长季内≥10℃积温均呈明显的纬向分布特征，即由南向北逐渐降低，4 个年代变化范围依次为 959～1578℃·d、925～1620℃·d、986～1720℃·d 和 988～1930℃·d。南方单季稻区单季稻生长季内≥10℃积温较高，4 个年代变化范围依次为 3001～3907℃·d、3001～3922℃·d、3001～4038℃·d 和 3001～4120℃·d。

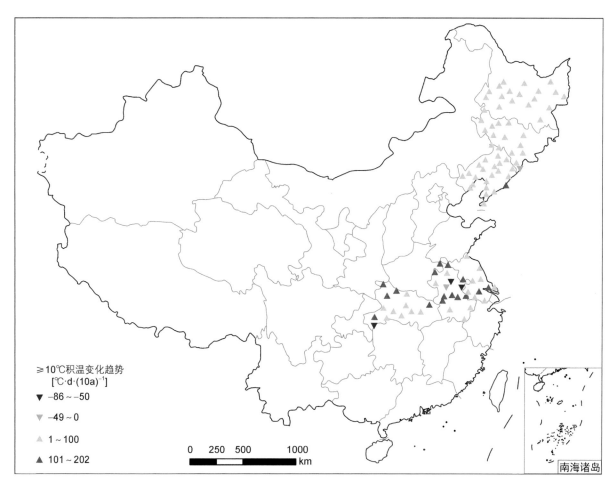

图 5-3　近 37 年单季稻生长季内≥10℃积温变化趋势

台湾省资料暂缺

　　图中三角形代表 1981～2017 年单季稻生长季内≥10℃积温变化趋势,上三角表示升高趋势,下三角表示降低趋势,三角形颜色代表≥10℃积温变化速率,越偏向蓝色代表降低越快,越偏向红色代表升高越快。

　　近 37 年东北寒地水稻区大部分地区单季稻生长季内≥10℃积温每 10 年升高 1～100℃·d。南方单季稻区大部分地区单季稻生长季内≥10℃积温呈升高趋势,每 10 年升高 1～202℃·d,湖北仅一个站点≥10℃积温呈降低趋势,安徽仅三个站点≥10℃积温呈降低趋势,江苏均呈升高趋势。

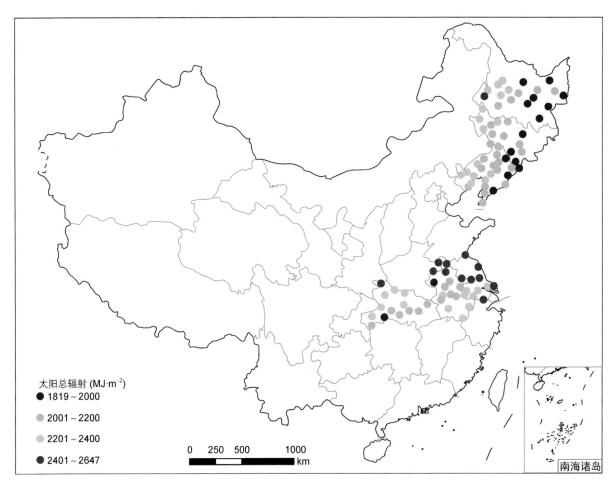

图 5-4　近 37 年单季稻生长季内太阳总辐射平均值

台湾省资料暂缺

　　图中圆点代表 1981～2017 年单季稻生长季内太阳总辐射的平均值,圆点颜色代表太阳总辐射的高低,越偏向蓝色代表越低,越偏向红色代表越高。

　　东北寒地水稻区单季稻生长季内太阳总辐射呈明显的经向分布特征,即由西向东逐渐降低,南方单季稻区单季稻生长季内太阳总辐射整体呈西低东高、南低北高的趋势。全区变化范围为 1819～2647 MJ·m^{-2}。从各单季稻区的特点来看,东北寒地水稻区单季稻生长季内太阳总辐射较低,大部分地区为 1819～2400 MJ·m^{-2};南方单季稻区单季稻生长季内太阳总辐射较高,大部分地区为 2001～2647 MJ·m^{-2},特别是安徽北部和江苏地区,大部分地区高于 2401 MJ·m^{-2}。

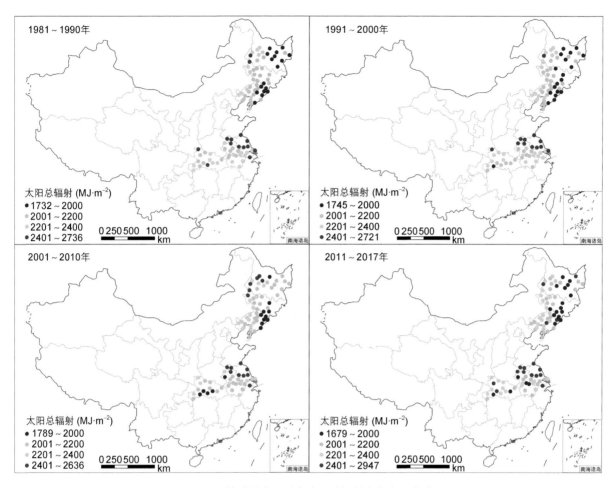

图 5-5　单季稻生长季内太阳总辐射各年代平均值
台湾省资料暂缺

　　4 张小图分别代表 4 个年代单季稻生长季内太阳总辐射，依次为 20 世纪 80 年代（1981～1990 年）和 90 年代（1991～2000 年）、21 世纪前 10 年（2001～2010 年）和 2011～2017 年。图中圆点代表对应年代太阳总辐射的平均值，圆点颜色代表太阳总辐射的高低，越偏向蓝色代表越低，越偏向红色代表越高。

　　东北寒地水稻区单季稻生长季内太阳总辐射呈明显的经向分布特征，即整体由西向东逐渐降低，4 个年代变化范围依次为 1732～2736 MJ·m^{-2}、1745～2721 MJ·m^{-2}、1789～2636 MJ·m^{-2} 和 1679～2947 MJ·m^{-2}。南方单季稻区单季稻生长季内太阳总辐射相对较高，4 个年代变化范围依次为 2001～2736 MJ·m^{-2}、1745～2721 MJ·m^{-2}、1789～2636 MJ·m^{-2} 和 1679～2947 MJ·m^{-2}。

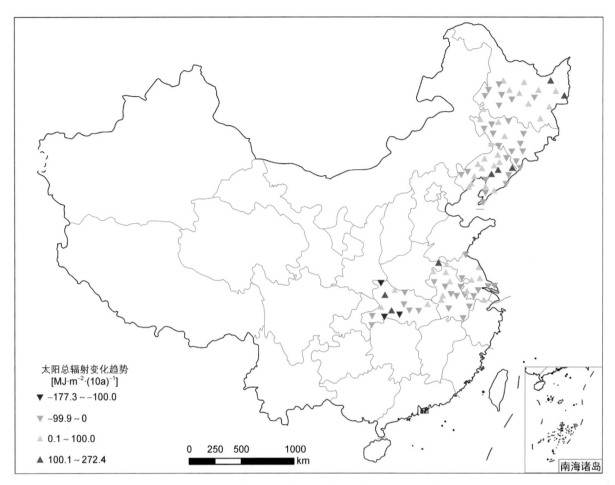

图 5-6　近 37 年单季稻生长季内太阳总辐射变化趋势
台湾省资料暂缺

　　图中三角形代表近 37 年（1981～2017 年）单季稻生长季内太阳总辐射变化趋势，上三角表示增加趋势，下三角表示减少趋势，三角形颜色代表太阳总辐射变化速率，越偏向蓝色代表减少越快，越偏向红色代表增加越快。

　　近 37 年东北寒地水稻区单季稻生长季内太阳总辐射变化趋势差异较大，变化趋势范围为−177.3～272.4 $MJ·m^{-2}·(10a)^{-1}$，其中，黑龙江东部地区单季稻生长季内太阳总辐射呈增加趋势，每 10 年增加 0.1～100.0 $MJ·m^{-2}$，吉林大部分地区单季稻生长季内太阳总辐射呈减少趋势，每 10 年减少 0～99.9 $MJ·m^{-2}$，辽宁大部分地区单季稻生长季内太阳总辐射呈增加趋势，每 10 年增加 0.1～272.4 $MJ·m^{-2}$。南方单季稻区单季稻生长季内太阳总辐射整体呈减少趋势，其中，湖北单季稻生长季内太阳总辐射大部分地区每 10 年减少 0～177.3 $MJ·m^{-2}$，安徽和江苏相对较低，大部分地区每 10 年减少 0～99.9 $MJ·m^{-2}$。

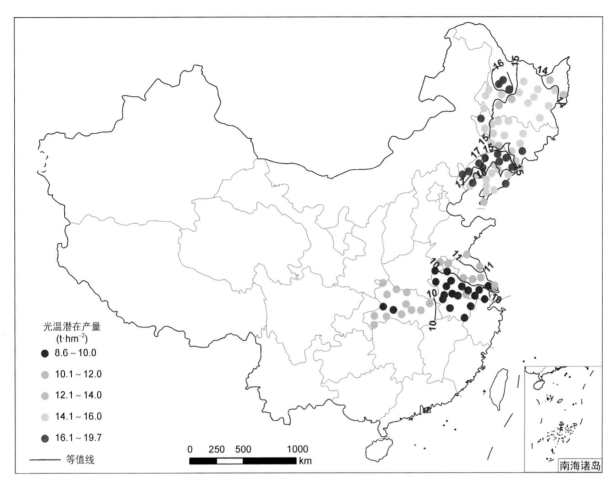

图 5-7　近 37 年单季稻光温潜在产量平均值
台湾省资料暂缺

　　图中圆点代表近 37 年（1981～2017 年）单季稻光温潜在产量的平均值，圆点颜色代表光温潜在产量的高低，越偏向蓝色代表越低，越偏向红色代表越高。紫色的曲线代表产量等值线，线两端的数字代表该等值线所对应的产量水平。

　　东北寒地水稻区单季稻光温潜在产量为 12.1～19.7 t·hm^{-2}，其中，黑龙江和吉林大部分地区光温潜在产量为 14.1～16.0 t·hm^{-2}，辽宁大部分地区高于 16.1 t·hm^{-2}。南方单季稻区单季稻光温潜在产量相对东北寒地水稻区较低，为 8.6～14.0 t·hm^{-2}，其中，安徽光温潜在产量最低，低于 10.0 t·hm^{-2}，湖北和江苏光温潜在产量相对较高，大部分地区集中在 10.1～14.0 t·hm^{-2}。

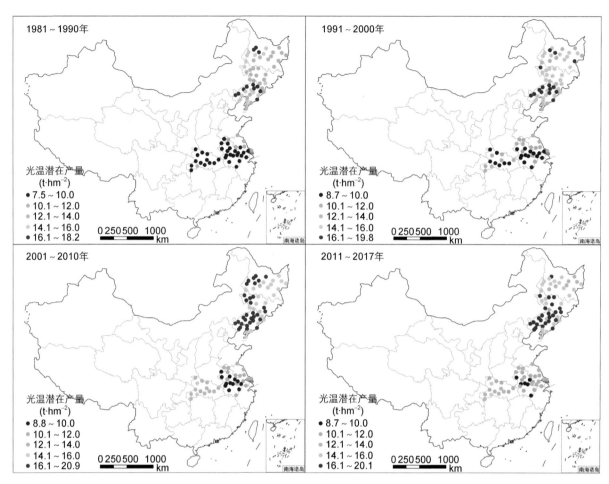

图 5-8 单季稻光温潜在产量各年代平均值
台湾省资料暂缺

　　4 张小图分别代表 4 个年代单季稻光温潜在产量年代平均值，依次为 20 世纪 80 年代（1981~1990 年）和 90 年代（1991~2000 年）、21 世纪前 10 年（2001~2010 年）和 2011~2017 年。图中圆点代表对应年代光温潜在产量的平均值，圆点颜色代表光温潜在产量的高低，越偏向蓝色代表越低，越偏向红色代表越高。

　　东北寒地水稻区单季稻光温潜在产量随年代增加总体呈提高趋势，4 个年代的变化范围依次为 10.1~18.2 t·hm^{-2}、12.1~19.8 t·hm^{-2}、12.1~20.9 t·hm^{-2} 和 12.1~20.1 t·hm^{-2}。南方单季稻区单季稻光温潜在产量随年代增加总体呈提高趋势，4 个年代的变化范围依次为 7.5~12.0 t·hm^{-2}、8.7~12.0 t·hm^{-2}、8.8~16.0 t·hm^{-2} 和 8.7~16.0 t·hm^{-2}。

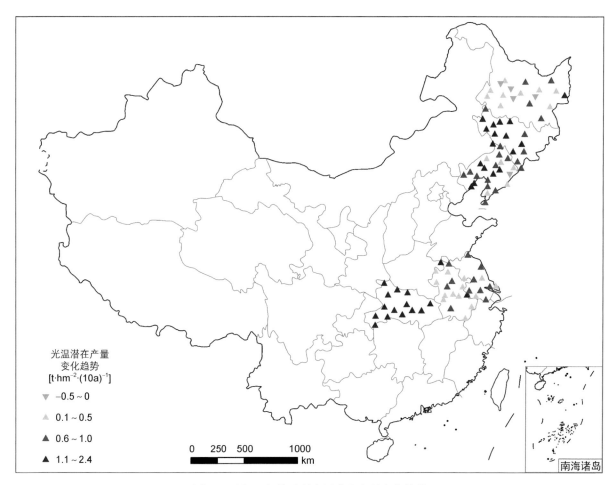

图 5-9　近 37 年单季稻光温潜在产量变化趋势
台湾省资料暂缺

　　图中三角形代表近 37 年（1981～2017 年）单季稻光温潜在产量变化趋势，上三角表示提高趋势，下三角表示降低趋势，三角形颜色代表光温潜在产量变化速率，越偏向红色代表提高越快。

　　近 37 年单季稻主产区单季稻光温潜在产量总体呈提高趋势，其中，东北寒地水稻区大部分地区单季稻光温潜在产量每 10 年提高 0.1～2.4 t·hm⁻²，仅黑龙江 4 个站点和辽宁 1 个站点呈降低趋势。南方单季稻区大部分站点单季稻光温潜在产量每 10 年提高 0.6～2.4 t·hm⁻²，其中，湖北单季稻光温潜在产量提高速度最高，每 10 年提高 1.1～2.4 t·hm⁻²，安徽和江苏相对较低，大多数地区每 10 年提高 0.1～1.0 t·hm⁻²。

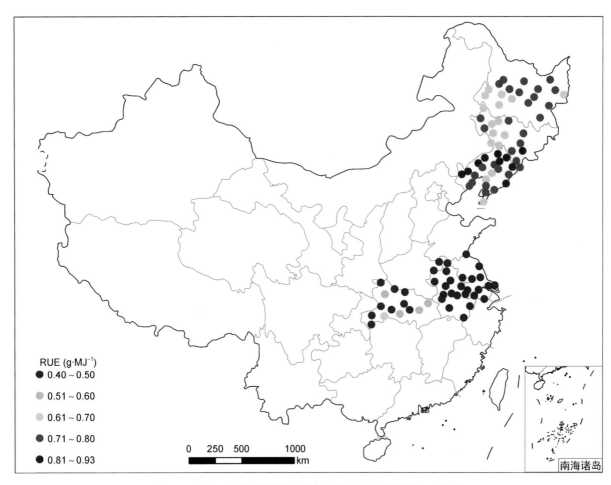

图 5-10　近 37 年单季稻光温潜在产量下光能利用效率平均值

台湾省资料暂缺

　　图中圆点代表 1981～2017 年单季稻光温潜在产量下光能利用效率的平均值,圆点颜色代表光能利用效率的高低,越偏向蓝色代表越低,越偏向红色代表越高。

　　东北寒地水稻区单季稻光温潜在产量下光能利用效率为 0.61～0.93 g·MJ^{-1},其中,黑龙江和吉林大部分地区光温潜在产量下光能利用效率高于 0.71 g·MJ^{-1},辽宁北部地区高于 0.81 g·MJ^{-1}。南方单季稻区单季稻光温潜在产量下光能利用效率相对东北寒地水稻区较低,为 0.40～0.70 g·MJ^{-1},其中,安徽和江苏光温潜在产量下光能利用效率最低,低于 0.50 g·MJ^{-1},湖北光温潜在产量下光能利用效率相对较高,南部地区高于 0.51 g·MJ^{-1}。

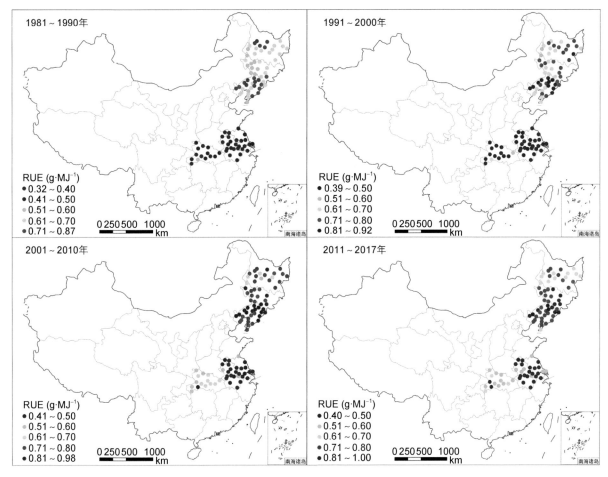

图 5-11　单季稻光温潜在产量下光能利用效率各年代平均值
台湾省资料暂缺

　　4 张小图分别代表 4 个年代单季稻光温潜在产量下光能利用效率年代平均值,依次为 20 世纪 80 年代（1981～1990 年）和 90 年代（1991～2000 年）、21 世纪前 10 年（2001～2010 年）和 2011～2017 年。图中圆点代表对应年代光温潜在产量下光能利用效率的平均值,圆点颜色代表光能利用效率的高低,越偏向蓝色代表越低,越偏向红色代表越高。

　　东北寒地水稻区单季稻光温潜在产量下光能利用效率随年代增加总体呈提高趋势,4 个年代的变化范围依次为 0.51～0.87 g·MJ^{-1}、0.51～0.92 g·MJ^{-1}、0.51～0.98 g·MJ^{-1} 和 0.61～1.00 g·MJ^{-1}。南方单季稻区单季稻光温潜在产量下光能利用效率相对较低且随年代增加总体呈提高趋势,4 个年代的变化范围依次为 0.32～0.60 g·MJ^{-1}、0.39～0.70 g·MJ^{-1}、0.41～0.98 g·MJ^{-1} 和 0.40～1.00 g·MJ^{-1}。

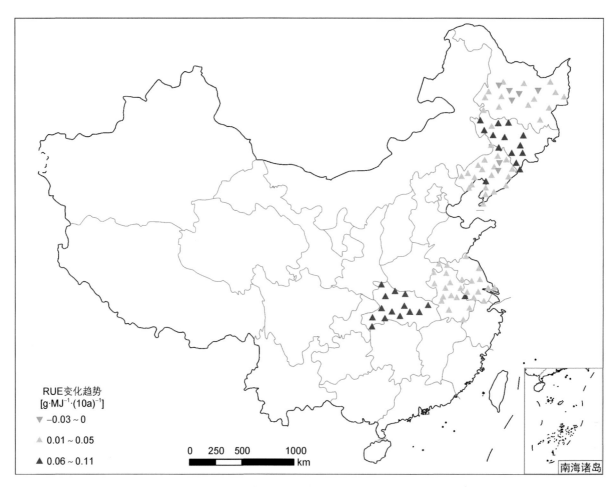

图 5-12   近 37 年单季稻光温潜在产量下光能利用效率变化趋势
台湾省资料暂缺

    图中三角形代表近 37 年（1981～2017 年）单季稻光温潜在产量下光能利用效率的变化趋势，上三角表示提高趋势，下三角表示降低趋势，三角形颜色代表光能利用效率的变化速率，越偏向红色代表提高越快。

    近 37 年东北寒地水稻区单季稻光温潜在产量下光能利用效率总体呈提高的趋势，大部分站点每 10 年提高 0.01～0.11 g·MJ^{-1}，仅黑龙江 5 个站点和辽宁 2 个站点呈降低趋势。南方单季稻区单季稻光温潜在产量下光能利用效率均呈提高趋势，每 10 年提高 0.01～0.11 g·MJ^{-1}，其中，湖北单季稻光温潜在产量下光能利用效率提高速率最高，为 0.06～0.11 g·MJ^{-1}·(10a)$^{-1}$，安徽和江苏相对较低，大多数地区低于 0.05 g·MJ^{-1}·(10a)$^{-1}$。

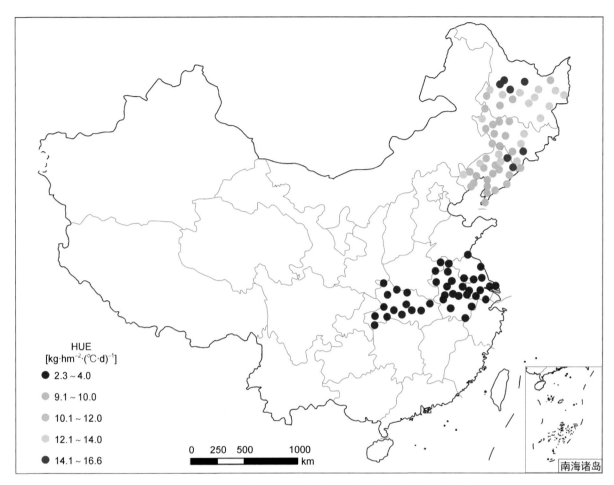

图 5-13　近 37 年单季稻光温潜在产量下热量资源利用效率平均值
台湾省资料暂缺

图中圆点代表 1981～2017 年单季稻光温潜在产量下热量资源利用效率的平均值，圆点颜色代表热量资源利用效率的高低，越偏向蓝色代表越低，越偏向红色代表越高。

东北寒地水稻区单季稻光温潜在产量下热量资源利用效率为 9.1～16.6 $kg\cdot hm^{-2}\cdot(℃\cdot d)^{-1}$，其中，黑龙江最高，大部分地区高于 12.1 $kg\cdot hm^{-2}\cdot(℃\cdot d)^{-1}$，吉林次之，大部分地区高于 10.1 $kg\cdot hm^{-2}\cdot(℃\cdot d)^{-1}$，辽宁最低，特别是南部地区低于 10.0 $kg\cdot hm^{-2}\cdot(℃\cdot d)^{-1}$。南方单季稻区单季稻光温潜在产量下热量资源利用效率相对东北寒地水稻区较低，集中在 2.3～4.0 $kg\cdot hm^{-2}\cdot(℃\cdot d)^{-1}$。

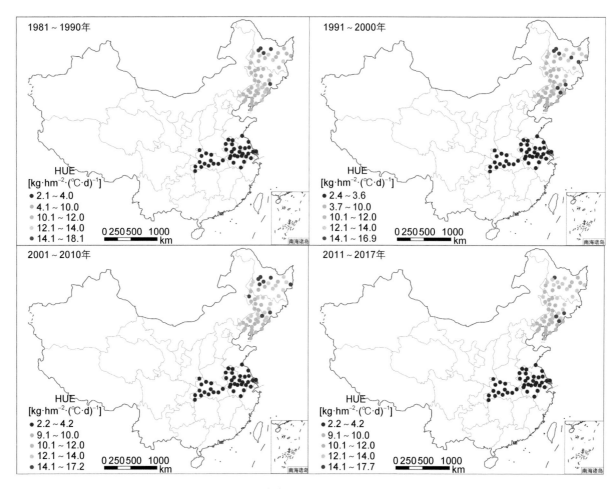

图 5-14　单季稻光温潜在产量下热量资源利用效率各年代平均值
台湾省资料暂缺

　　4 张小图分别代表 4 个年代单季稻光温潜在产量下热量资源利用效率年代平均值，依次为 20 世纪 80 年代（1981～1990 年）和 90 年代（1991～2000 年）、21 世纪前 10 年（2001～2010 年）和 2011～2017 年。图中圆点代表对应年代光温潜在产量下热量资源利用效率的平均值，圆点颜色代表热量资源利用效率的高低，越偏向蓝色代表热量资源利用效率越低，越偏向红色代表热量资源利用效率越高。

　　东北寒地水稻区单季稻光温潜在产量下热量资源利用效率随年代增加总体呈提高趋势，4 个年代的变化范围依次为 4.1～18.1 kg·hm^{-2}·(℃·d)$^{-1}$、3.7～16.9 kg·hm^{-2}·(℃·d)$^{-1}$、9.1～17.2 kg·hm^{-2}·(℃·d)$^{-1}$ 和 9.1～17.7 kg·hm^{-2}·(℃·d)$^{-1}$。南方单季稻区单季稻光温潜在产量下热量资源利用效率相对东北寒地水稻区较低且随年代增加总体呈提高趋势，4 个年代的变化范围依次为 2.1～4.0 kg·hm^{-2}·(℃·d)$^{-1}$、2.4～3.6 kg·hm^{-2}·(℃·d)$^{-1}$、2.2～4.2 kg·hm^{-2}·(℃·d)$^{-1}$ 和 2.2～4.2 kg·hm^{-2}·(℃·d)$^{-1}$。

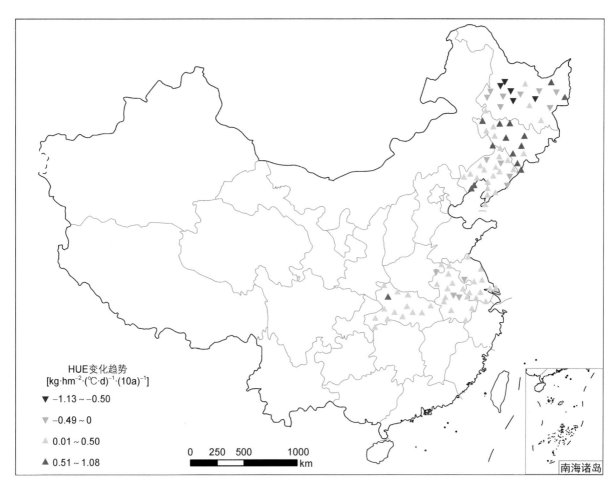

图 5-15　近 37 年单季稻光温潜在产量下热量资源利用效率变化趋势
台湾省资料暂缺

　　图中三角形代表近 37 年（1981～2017 年）单季稻光温潜在产量下热量资源利用效率的变化趋势，上三角表示提高趋势，下三角表示降低趋势，三角形颜色代表热量资源利用效率的变化速率，越偏向蓝色代表降低越快，越偏向红色代表提高越快。

　　近 37 年东北寒地水稻区单季稻光温潜在产量下热量资源利用效率变化趋势范围为–1.13～1.08 kg·hm^{-2}·(℃·d)$^{-1}$·(10a)$^{-1}$，其中，黑龙江大部分地区呈降低的趋势，每 10 年降低 0～1.13 kg·hm^{-2}·(℃·d)$^{-1}$。吉林单季稻光温潜在产量下热量资源利用效率提高速度最快，大部分站点每 10 年提高 0.51～1.08 kg·hm^{-2}·(℃·d)$^{-1}$，辽宁大部分站点单季稻光温潜在产量下热量资源利用效率每 10 年提高 0.01～0.50 kg·hm^{-2}·(℃·d)$^{-1}$。南方单季稻区单季稻光温潜在产量下热量资源利用效率总体呈提高趋势，大部分站点每 10 年提高 0.01～1.08 kg·hm^{-2}·(℃·d)$^{-1}$，仅安徽 3 个站点和江苏 1 个站点呈降低趋势。

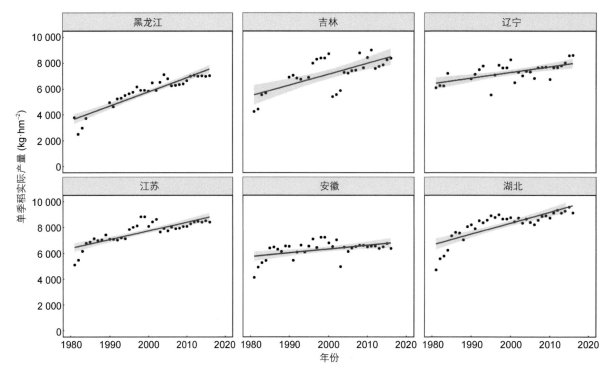

图 5-16　近 37 年各省单季稻实际产量变化趋势

　　各小图表示各省 1981～2017 年逐年单季稻实际产量及其线性变化趋势。横坐标表示年份，为 1981～2017 年；纵坐标表示单季稻实际产量。

　　近 37 年各省单季稻实际产量随年份增加均呈提高趋势，其中，20 世纪 80 年代单季稻实际产量为 2000～8000 kg·hm^{-2}，2010～2017 年提高到 6000～10 000 kg·hm^{-2}。东北寒地水稻区内，吉林单季稻实际产量年际间波动较大，在 1990～1995 年达到产量的最大值 8000 kg·hm^{-2} 左右，而最低值出现在 1980～1985 年，为 4000 kg·hm^{-2} 左右。辽宁单季稻实际产量年际间波动较小，集中在 6000～8000 kg·hm^{-2}。南方单季稻区内，江苏单季稻实际产量年际间波动较大，在 1995～2000 年达到产量的最大值 9000 kg·hm^{-2} 左右之后呈降低趋势，而最低值出现在 1980～1985 年，为 5000 kg·hm^{-2} 左右。安徽单季稻实际产量年际间波动较小，集中在 6000 kg·hm^{-2} 左右。

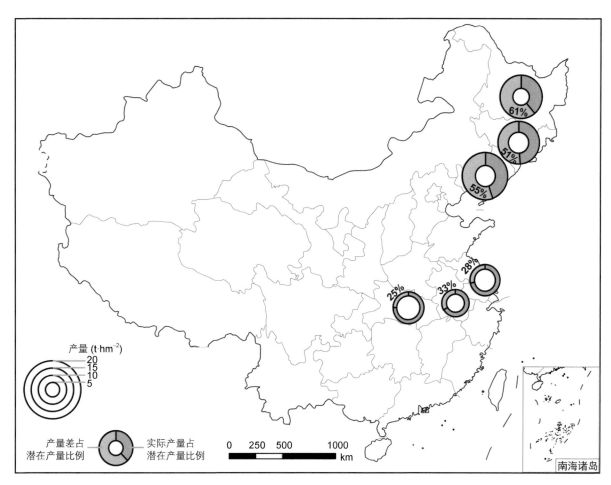

图 5-17　近 37 年各省单季稻实际产量与光温潜在产量之间产量差的空间分布

台湾省资料暂缺

　　图中空心饼图代表近 37 年（1981～2017 年）我国单季稻主产区各省单季稻实际产量与光温潜在产量之间产量差。内圆表示实际产量，外圆表示光温潜在产量，圆环大小代表产量的数值大小，圆环面积越大，产量越高。外圆与内圆内的蓝色部分表示产量差占光温潜在产量的比例，红色部分表示实际产量占光温潜在产量的比例，蓝色（红色）区域面积越大表示占比越高。

　　东北寒地水稻区各省单季稻光温潜在产量比南方单季稻区各省光温潜在产量高，而两个区域单季稻实际产量总体差异不大，因此东北寒地水稻区单季稻产量差占光温潜在产量的比例比南方单季稻区大。东北寒地水稻区黑龙江产量差（61%）最大，吉林产量差（51%）最小。南方单季稻区安徽产量差（33%）最大，湖北产量差（25%）最小。

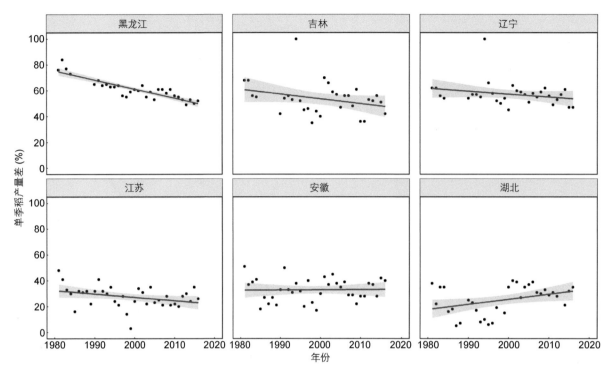

图 5-18　近 37 年各省单季稻实际产量与光温潜在产量之间产量差的变化趋势

　　各小图分别表示各省 1981～2017 年逐年单季稻实际产量与光温潜在产量之间产量差及其线性变化趋势。横坐标表示年份，为 1981～2017 年；纵坐标表示单季稻产量差。

　　近 37 年东北寒地水稻区各省单季稻实际产量与光温潜在产量之间产量差随年份增加均呈缩小趋势，其中，20 世纪 80 年代产量差为 60%～80%，2010～2017 年为 20%～50%。吉林实际产量与光温潜在产量之间产量差年际间波动较大，在 2000～2005 年达到产量差的最大值 70%左右，而最低值出现在 1995～2000 年，为 40%左右。辽宁单季稻实际产量与光温潜在产量之间产量差年际间波动较小，集中在 50%～70%。南方单季稻区湖北单季稻实际产量与光温潜在产量之间产量差年际间波动较大，在 2000～2005 年达到产量差的最大值 40%左右之后呈缩小趋势，而最低值出现在 1985～1990 年和 1995 年前后，为 10%左右。安徽单季稻实际产量与光温潜在产量之间产量差幅度较小，集中在 20%～50%。

第6章 双季早稻潜在产量及气候资源利用图

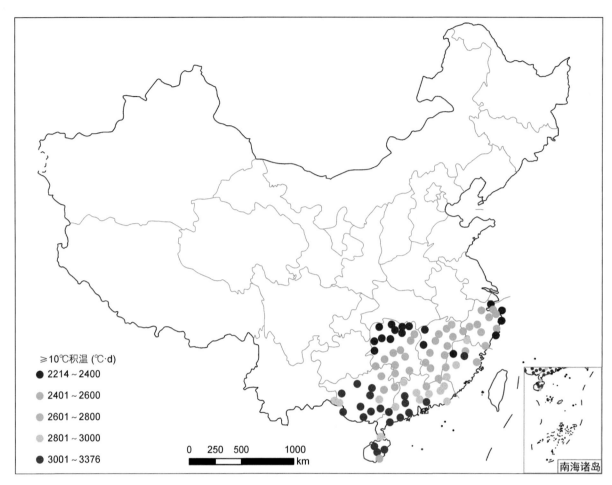

图 6-1　近 37 年双季早稻生长季内≥10℃积温平均值

台湾省资料暂缺

　　图中圆点代表 1981～2017 年双季早稻生长季内≥10℃积温的平均值，圆点颜色代表积温的高低，越偏向蓝色代表越低，越偏向红色代表越高。

　　研究区域内双季早稻生长季内≥10℃积温呈明显的纬向分布特征，即随纬度升高≥10℃积温逐渐降低，全区变化范围为 2214～3376℃·d。从各双季稻区的特点来看，华南稻区双季早稻生长季内≥10℃积温最高，其中海南、广西和广东西部≥10℃积温高于 3001℃·d，广东东部≥10℃积温为 2801～3000℃·d，福建受山地丘陵影响，省内双季早稻生育期内≥10℃积温的垂直分异较明显；长江中下游双季稻区次之，中部区域≥10℃积温为 2401～2600℃·d，南部区域≥10℃积温为 2601～2800℃·d，湖南西北部和浙江沿海部分地区的积温低于 2400℃·d。

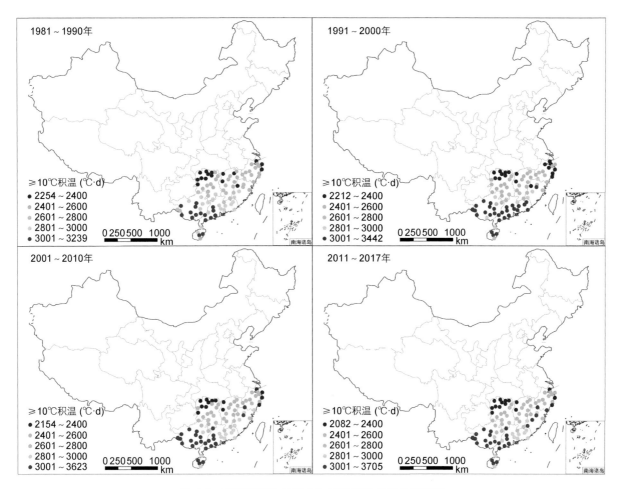

图 6-2　双季早稻生长季内≥10℃积温各年代平均值

台湾省资料暂缺

　　4 张小图分别代表 4 个年代双季早稻生长季内≥10℃积温值，依次为 20 世纪 80 年代（1981～1990 年）和 90 年代（1991～2000 年）、21 世纪前 10 年（2001～2010 年）和 2011～2017 年。图中圆点代表对应年代≥10℃积温的平均值，圆点颜色代表≥10℃积温的高低，越偏向蓝色代表越低，越偏向红色代表越高。

　　研究区域内双季早稻生长季内各年代≥10℃积温分布与多年均值较为一致，即呈较明显的纬向分布且随年代增加呈升高趋势。4 个年代的变化范围依次为 2254～3239℃·d、2212～3442℃·d、2154～3623℃·d 和 2082～3705℃·d。从各双季稻区的特点来看，华南双季稻区各年代≥10℃积温皆为全区最高，且广东和福建随年代增加≥10℃积温呈升高的趋势。与各年代相比，20 世纪 90 年代广东东部≥10℃积温较高，大部分站点高于 3001℃·d，而其他各年代均为 2801～3000℃·d。相较于 21 世纪前 10 年，2011～2017 年福建双季早稻生长季内≥10℃积温明显升高，多数站点≥10℃积温高于 3001℃·d；长江中下游双季稻区各年代间≥10℃积温无明显差异，区域大部分站点≥10℃积温为 2401～2800℃·d，湖南西北部和浙江沿海部分地区低于 2400℃·d。

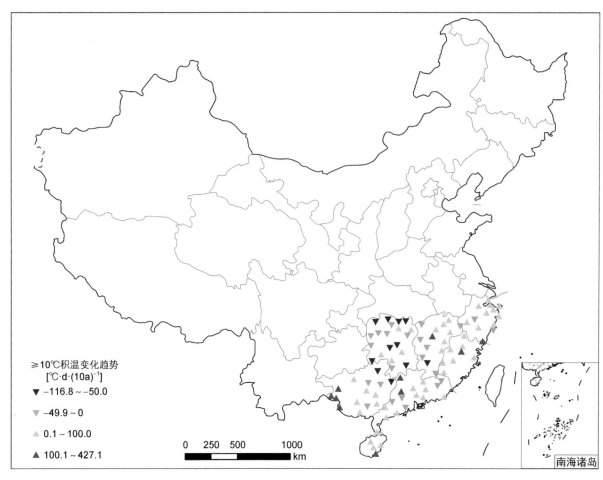

图 6-3　近 37 年双季早稻生长季内 ≥10℃积温变化趋势

台湾省资料暂缺

　　图中三角形代表 1981～2017 年双季早稻生长季内 ≥10℃积温的变化趋势,上三角表示升高趋势,下三角表示降低趋势,三角形颜色代表 ≥10℃积温变化速率,越偏向蓝色代表降低越快,越偏向红色代表升高越快。

　　近 37 年研究区域内双季早稻生长季内 ≥10℃积温变化趋势空间差异较大,沿海地区多数站点积温呈升高趋势,内陆省份站点略有降低,全区变化范围为 –116.8～427.1℃·d·(10a)$^{-1}$。从各双季稻区的特点来看,华南双季稻区总体呈升高趋势,多数站点升高趋势低于 100℃·d·(10a)$^{-1}$,广西 ≥10℃积温变化趋势空间差异较大,西部 ≥10℃积温升高趋势高于 100℃·d·(10a)$^{-1}$,东北部则以降低趋势为主;长江中下游双季稻区 ≥10℃积温变化趋势存在明显的地区差异,以江西中部为分界线,其西部至湖南 ≥10℃积温以降低趋势为主,除湖南北部外,多数站点降低趋势低于 50℃·d·(10a)$^{-1}$,江西东部至浙江 ≥10℃积温呈升高趋势,变化趋势低于 100℃·d·(10a)$^{-1}$。

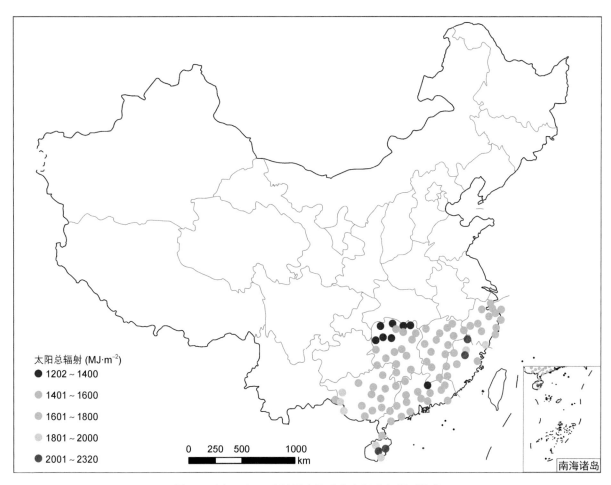

图 6-4　近 37 年双季早稻生长季内太阳总辐射平均值
台湾省资料暂缺

图中圆点代表 1981～2017 年双季早稻生长季内太阳总辐射的平均值，圆点颜色代表太阳总辐射的高低，越偏向蓝色代表越低，越偏向红色代表越高。

研究区域内双季早稻生长季内太阳总辐射全区变化范围为 1202～2320 MJ·m^{-2}，长江中下游双季稻区和华南双季稻区差异较小，多数站点双季早稻生长季内太阳总辐射为 1401～1800 MJ·m^{-2}。海南、广东西部和福建北部为高值区，太阳总辐射高于 1801 MJ·m^{-2}；湖南北部为低值区，双季早稻生长季内太阳总辐射低于 1400 MJ·m^{-2}。沿海区域站点早稻生长季内太阳总辐射略大于内陆站点，为 1601～1800 MJ·m^{-2}，江西、湖南南部和广东北部等内陆地区太阳总辐射则为 1401～1600 MJ·m^{-2}。

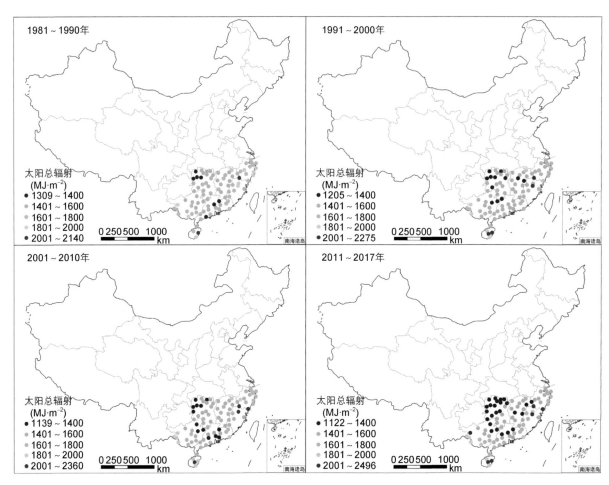

图 6-5　双季早稻生长季内太阳总辐射各年代平均值
台湾省资料暂缺

　　4 张小图分别代表 4 个年代双季早稻生长季内太阳总辐射,依次为 20 世纪 80 年代(1981~1990 年)和 90 年代(1991~2000 年)、21 世纪前 10 年(2001~2010 年)和 2011~2017 年。图中圆点代表对应年代太阳总辐射的平均值,圆点颜色代表太阳总辐射的高低,越偏向蓝色代表越低,越偏向红色代表越高。

　　研究区域内双季早稻生长季内太阳总辐射各年代分布存在差异。20 世纪 80 年代全区太阳总辐射变化范围为 1309~2140 MJ·m^{-2},分布与历史平均值分布相似,大部分站点太阳总辐射为 1401~1800 MJ·m^{-2},高值区位于海南,低值区位于湖南西北部;20 世纪 90 年代全区太阳总辐射变化范围为 1205~2275 MJ·m^{-2},相比于 80 年代,太阳总辐射低于 1600 MJ·m^{-2} 的站点比例增多,低值区范围扩大;21 世纪前 10 年全区太阳总辐射变化范围为 1139~2360 MJ·m^{-2},相比于 20 世纪 90 年代,太阳总辐射为 1601~1800 MJ·m^{-2} 的站点增多,但广东中部部分站点辐射降低至 1600 MJ·m^{-2} 以下;2011~2017 年全区太阳总辐射变化范围为 1122~2496 MJ·m^{-2},湖南北部、广西东北部和江西中部地区太阳总辐射低于 1600 MJ·m^{-2} 的站点比例增多,低值区范围在各年代中最大。

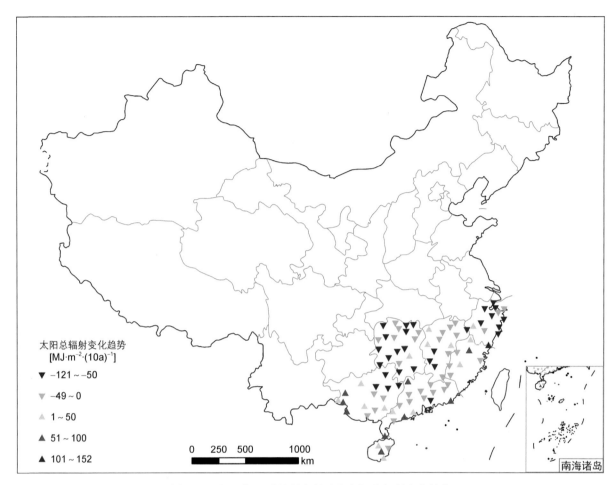

太阳总辐射变化趋势
[MJ·m^{-2}·(10a)$^{-1}$]

▼ −121 ~ −50
▼ −49 ~ 0
▲ 1 ~ 50
▲ 51 ~ 100
▲ 101 ~ 152

0　250　500　　1000
km

南海诸岛

图 6-6　近 37 年双季早稻生长季内太阳总辐射变化趋势
台湾省资料暂缺

　　图中三角形代表近 37 年（1981~2017 年）双季早稻生长季内太阳总辐射变化趋势，上三角表示增加趋势，下三角表示减少趋势，三角形颜色代表太阳总辐射变化速率，越偏向蓝色代表减少越快，越偏向红色代表增加越快。

　　近 37 年研究区域内双季早稻生长季内太阳总辐射变化趋势空间差异较小，多数站点太阳总辐射呈减少趋势，全区变化范围为−121~152 MJ·m^{-2}·(10a)$^{-1}$。从各双季稻区的特点来看，华南双季稻区太阳总辐射减少趋势较小，主要分布在广东和广西东部，多数站点太阳总辐射减少趋势小于 49 MJ·m^{-2}·(10a)$^{-1}$。太阳总辐射增加的站点主要分布在广西西部、海南和福建北部，多数站点太阳总辐射增加趋势为 51~100 MJ·m^{-2}·(10a)$^{-1}$；长江中下游双季稻区太阳总辐射总体呈减少趋势，减少趋势为 50~121 MJ·m^{-2}·(10a)$^{-1}$ 的站点分布在湖南大部和浙江大部，江西大部分区域太阳总辐射减少趋势小于 49 MJ·m^{-2}·(10a)$^{-1}$。

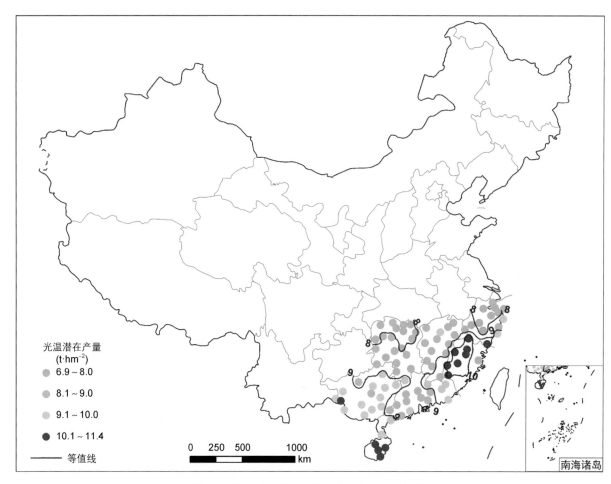

图 6-7 近 37 年双季早稻光温潜在产量平均值

台湾省资料暂缺

图中圆点代表近 37 年（1981～2017 年）双季早稻光温潜在产量的平均值，圆点颜色代表光温潜在产量的高低，越偏向蓝色代表越低，越偏向红色代表越高。紫色的曲线代表产量等值线，线两端的数字为该等值线所对应的产量。

研究区域内双季早稻光温潜在产量呈明显的区域特征，总体上从低纬度向高纬度逐渐降低，全区变化范围为 6.9～11.4 t·hm^{-2}。从各双季稻区的特点来看，华南双季稻区早稻光温潜在产量较高，且空间差异大，高值区位于福建和海南，光温潜在产量高于 10.1 t·hm^{-2}，广东东部和广西次之，光温潜在产量为 9.1～10.0 t·hm^{-2}，广东中西部早稻光温潜在产量为 8.1～9.0 t·hm^{-2}。长江中下游双季稻区早稻光温潜在产量较低，大部分区域为 8.1～9.0 t·hm^{-2}，湖南北部和浙江大部早稻光温潜在产量低于 8.0 t·hm^{-2}。

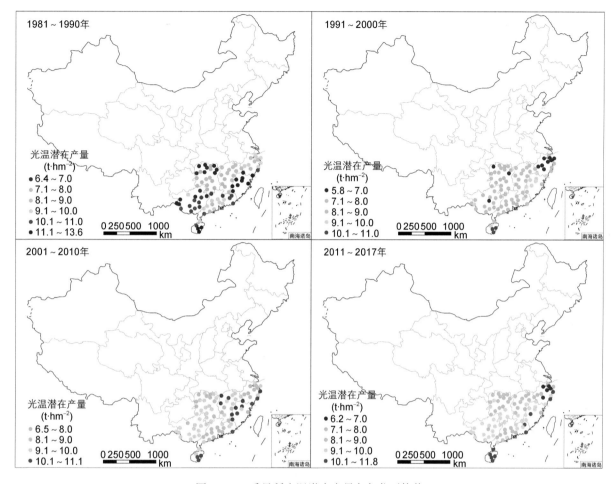

图 6-8　双季早稻光温潜在产量各年代平均值
台湾省资料暂缺

　　4 张小图分别代表 4 个年代双季早稻光温潜在产量年代平均值，依次为 20 世纪 80 年代（1981～1990 年）和 90 年代（1991～2000 年）、21 世纪前 10 年（2001～2010 年）和 2011～2017 年。图中圆点代表对应年代光温潜在产量的平均值，圆点颜色代表光温潜在产量的高低，越偏向蓝色代表越低，越偏向红色代表越高。

　　研究区域内双季早稻光温潜在产量各年代空间分布差异较大。20 世纪 80 年代全区早稻光温潜在产量的变化范围为 6.4～13.6 t·hm^{-2}，海南和福建光温潜在产量最高，高于 11.1 t·hm^{-2}，广东和浙江次之，光温潜在产量为 9.1～10.0 t·hm^{-2}，江西大部分区域光温潜在产量为 8.1～9.0 t·hm^{-2}，产量低值区位于湖南南部，光温潜在产量为 7.1～8.0 t·hm^{-2}，北部则低于 7.0 t·hm^{-2}；与 20 世纪 80 年代相比，90 年代大部分区域光温潜在产量降低，全区光温潜在产量为 5.8～11.0 t·hm^{-2}，海南产量最高，为 10.1～11.0 t·hm^{-2}，福建次之，为 9.1～10.0 t·hm^{-2}，低值区位于浙江，大部分地区产量低于 7.0 t·hm^{-2}，江西和广西光温潜在产量为 8.1～9.0 t·hm^{-2}，湖南和广东光温潜在产量为 7.1～8.0 t·hm^{-2}；21 世纪前 10 年全区光温潜在产量变化范围为 6.5～11.1 t·hm^{-2}，与 20 世纪 90 年代相比，大部分站点提高了 1.0 t·hm^{-2}；2011～2017 年全区光温潜在产量变化范围为 6.2～11.8 t·hm^{-2}，与 21 世纪前 10 年相比，高值区范围缩小，低值区分布无变化，福建和广西双季早稻产量降低了 1.0 t·hm^{-2} 左右。

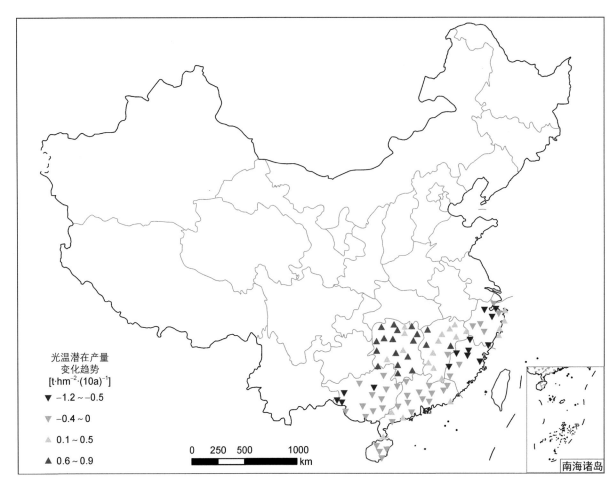

图 6-9　近 37 年双季早稻光温潜在产量变化趋势
台湾省资料暂缺

　　图中三角形代表近 37 年（1981～2017 年）双季早稻光温潜在产量变化趋势，上三角表示提高趋势，下三角表示降低趋势，三角形颜色代表产量变化速率，越偏向蓝色代表降低越快，越偏向红色代表提高越快。

　　近 37 年研究区域内双季早稻光温潜在产量变化趋势存在明显的区域特征，浙江、福建、广东、广西和海南 5 省份双季早稻光温潜在产量呈降低的趋势，尤其是浙江北部、福建大部和广东西部地区，降低趋势为 $0.5\sim1.2\ \mathrm{t\cdot hm^{-2}\cdot(10a)^{-1}}$，广东、海南、广西中东部和浙江南部等区域降低趋势小于 $0.4\ \mathrm{t\cdot hm^{-2}\cdot(10a)^{-1}}$；湖南和江西内陆两省份双季早稻光温潜在产量呈提高的趋势，湖南提高趋势为 $0.6\sim0.9\ \mathrm{t\cdot hm^{-2}\cdot(10a)^{-1}}$，江西次之，提高趋势小于 $0.5\ \mathrm{t\cdot hm^{-2}\cdot(10a)^{-1}}$。

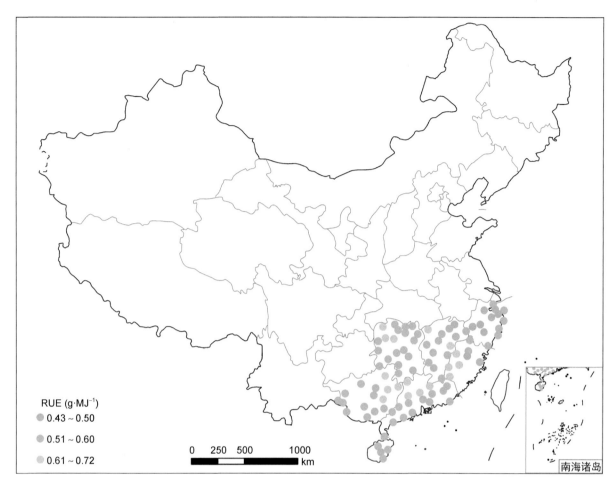

图 6-10　近 37 年双季早稻光温潜在产量下光能利用效率平均值

台湾省资料暂缺

　　图中圆点代表 1981~2017 年双季早稻光温潜在产量下光能利用效率的平均值，圆点颜色代表光能利用效率的高低，越偏向蓝色代表越低，越偏向黄色代表越高。

　　研究区域内双季早稻在光温潜在产量下光能利用效率的全区变化范围为 0.43~0.72 g·MJ^{-1}，广西东北部、广东北部、福建西部和湖南西北部等地的双季早稻光能利用效率最高，大部分区域双季早稻光能利用效率大于 0.61 g·MJ^{-1}；浙江内陆地区早稻光能利用效率最低，小于 0.50 g·MJ^{-1}；全区大部分站点双季早稻光能利用效率为 0.51~0.60 g·MJ^{-1}。

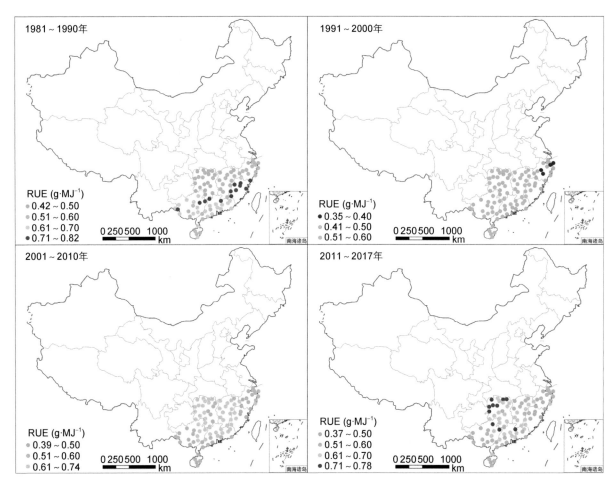

图 6-11 双季早稻光温潜在产量下光能利用效率各年代平均值

台湾省资料暂缺

　　4 张小图分别代表 4 个年代双季早稻光温潜在产量下光能利用效率年代平均值，依次为 20 世纪 80 年代（1981～1990 年）和 90 年代（1991～2000 年）、21 世纪前 10 年（2001～2010 年）和 2011～2017 年。图中圆点代表对应年代光温潜在产量下光能利用效率的平均值，圆点颜色代表光能利用效率的高低，越偏向蓝色代表越低，越偏向红色代表越高。

　　研究区域内双季早稻光温潜在产量下光能利用效率各年代空间分布差异较大。20 世纪 80 年代全区光能利用效率区域特征明显，变化范围为 0.42～0.82 g·MJ⁻¹，华南双季稻区光能利用效率大于长江中下游双季稻区，高值区位于福建至广西贺州一带沿线，光能利用效率为 0.71～0.82 g·MJ⁻¹，此线以北地区的光能利用效率低于 0.60 g·MJ⁻¹，尤其是湖南，大部分区域光能利用效率为 0.42～0.50 g·MJ⁻¹，此线以南大部分地区的光能利用效率为 0.61～0.70 g·MJ⁻¹；20 世纪 90 年代全区光能利用效率差异较小，大部分地区为 0.51～0.60 g·MJ⁻¹，相比于 20 世纪 80 年代，华南地区和浙江多数站点光能利用效率降低，尤其是浙江，多数站点光能利用效率低于 0.50 g·MJ⁻¹；与 20 世纪 90 年代相比，21 世纪前 10 年全区光能利用效率多数站点提高了 0.10 g·MJ⁻¹，变化范围为 0.39～0.74 g·MJ⁻¹。与 21 世纪前 10 年相比，2010～2017 年湖南北部光能利用效率大于 0.71 g·MJ⁻¹ 的站点比例增多，全区变化范围为 0.37～0.78 g·MJ⁻¹。

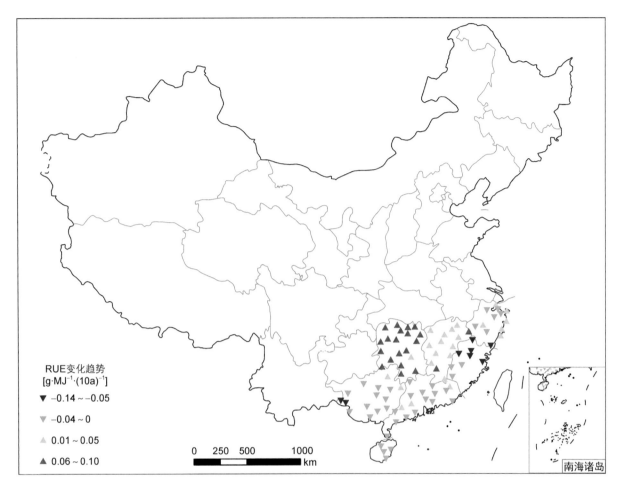

图 6-12　近 37 年双季早稻光温潜在产量下光能利用效率变化趋势
台湾省资料暂缺

　　图中三角形代表近 37 年（1981～2017 年）双季早稻光温潜在产量下光能利用效率的变化趋势，上三角表示提高趋势，下三角表示降低趋势，三角形颜色代表光能利用效率的变化速率，越偏向蓝色代表降低越快，越偏向红色代表提高越快。

　　近 37 年研究区域内双季早稻光温潜在产量下光能利用效率的变化趋势区域间差异较大，变化趋势范围为–0.14～0.10 g·MJ^{-1}·(10a)$^{-1}$。浙江、福建、广东、广西和海南 5 省份光能利用效率总体呈降低的趋势，尤其是福建北部地区，降低趋势为 0.05～0.14 g·MJ^{-1}·(10a)$^{-1}$，其他大部分地区降低趋势小于 0.04 g·MJ^{-1}·(10a)$^{-1}$；江西、湖南等内陆省份和浙江沿海部分站点光能利用效率每 10 年提高 0.01～0.10 g·MJ^{-1}，其中湖南提高趋势大于 0.06 g·MJ^{-1}·(10a)$^{-1}$。

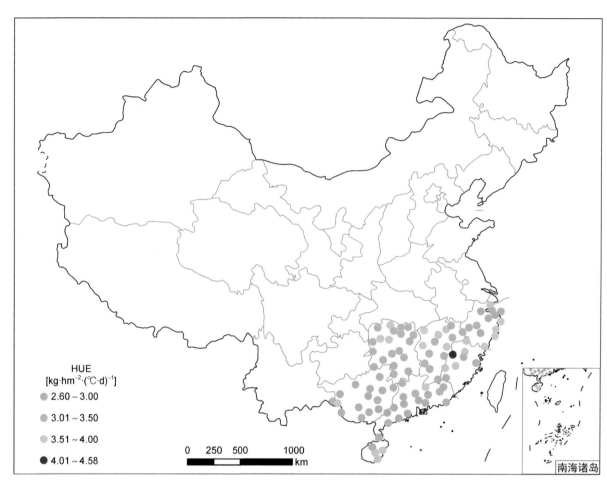

图 6-13 近 37 年双季早稻光温潜在产量下热量资源利用效率平均值
台湾省资料暂缺

　　图中圆点代表 1981~2017 年双季早稻光温潜在产量下热量资源利用效率的平均值，圆点颜色代表热量资源利用效率的高低，越偏向蓝色代表越低，越偏向红色代表越高。

　　研究区域内双季早稻光温潜在产量下热量资源利用效率全区变化范围为 2.60~4.58 kg·hm^{-2}·(℃·d)$^{-1}$。长江中下游地区、福建北部和海南热量资源利用效率为 3.01~4.00 kg·hm^{-2}·(℃·d)$^{-1}$，其中大多数站点为 3.01~3.50 kg·hm^{-2}·(℃·d)$^{-1}$，热量资源利用效率为 3.51~4.00 kg·hm^{-2}·(℃·d)$^{-1}$ 的站点分散分布在江西、浙江沿海地区、福建西北部和海南。广东和广西为双季早稻光温潜在产量下热量资源利用效率低值区，小于 3.00 kg·hm^{-2}·(℃·d)$^{-1}$。

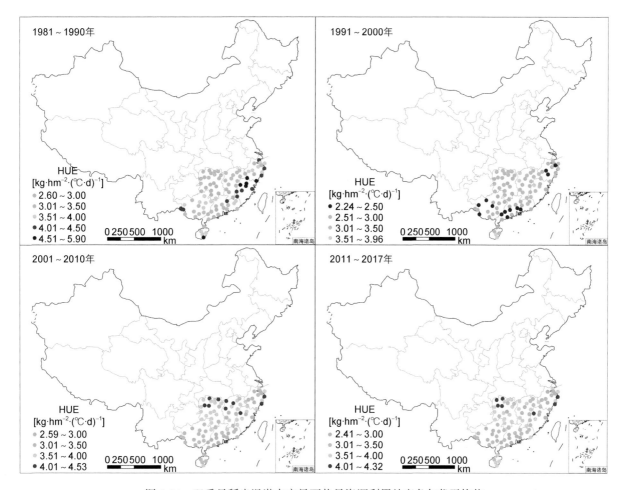

图 6-14 双季早稻光温潜在产量下热量资源利用效率各年代平均值
台湾省资料暂缺

4 张小图分别代表 4 个年代双季早稻光温潜在产量下热量资源利用效率年代平均值，依次为 20 世纪 80 年代（1981～1990 年）和 90 年代（1991～2000 年）、21 世纪前 10 年（2001～2010 年）和 2011～2017 年。图中圆点代表对应年代光温潜在产量下热量资源利用效率的平均值，圆点颜色代表热量资源利用效率的高低，越偏向蓝色代表越低，越偏向红色代表越高。

研究区域内双季早稻光温潜在产量下热量资源利用效率在 20 世纪 80 年代和 90 年代差异较大，2000 年之后的两个年代无明显差异。20 世纪 80 年代全区热量资源利用效率变化范围为 2.60～5.90 kg·hm^{-2}·($°$C·d)$^{-1}$，福建热量资源利用效率最高，为 4.01～5.90 kg·hm^{-2}·($°$C·d)$^{-1}$，低值区位于湖南，低于 3.00 kg·hm^{-2}·($°$C·d)$^{-1}$，其他大部分地区热量资源利用效率为 3.01～3.50 kg·hm^{-2}·($°$C·d)$^{-1}$；与 20 世纪 80 年代相比，90 年代热量资源利用效率显著降低，全区变化范围为 2.24～3.96 kg·hm^{-2}·($°$C·d)$^{-1}$，低值区位于广东、广西和浙江，热量资源利用效率低于 3.00 kg·hm^{-2}·($°$C·d)$^{-1}$，其他大部分地区热量资源利用效率为 3.01～3.50 kg·hm^{-2}·($°$C·d)$^{-1}$，无明显高值区；21 世纪前 10 年和 2011～2017 年全区热量资源利用效率分布无明显差异，变化范围分别为 2.59～4.53 kg·hm^{-2}·($°$C·d)$^{-1}$ 和 2.41～4.32 kg·hm^{-2}·($°$C·d)$^{-1}$，高值区位于湖南至江西东部，利用效率大于 3.51 kg·hm^{-2}·($°$C·d)$^{-1}$。其余多数站点热量资源利用效率为 2.41～3.50 kg·hm^{-2}·($°$C·d)$^{-1}$。

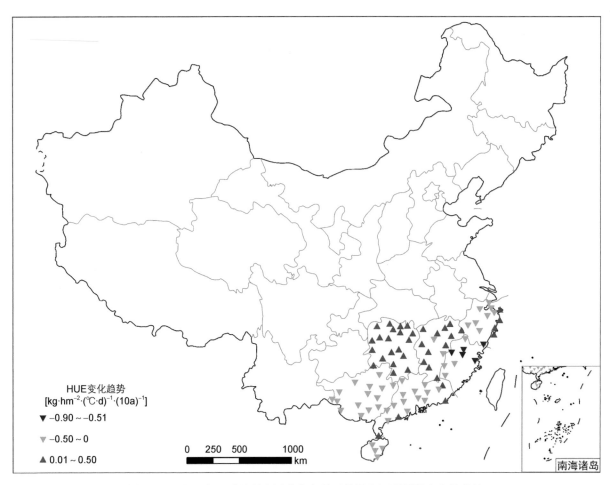

图 6-15　近 37 年双季早稻光温潜在产量下热量资源利用效率变化趋势

台湾省资料暂缺

　　图中三角形代表近 37 年（1981～2017 年）双季早稻光温潜在产量下热量资源利用效率的变化趋势，上三角表示提高趋势，下三角表示降低趋势，三角形颜色代表热量资源利用效率的变化速率，越偏向蓝色代表降低越快。

　　近 37 年研究区域内双季早稻光温潜在产量下热量资源利用效率的变化趋势区域内差异较大，其中，浙江、福建、广东、广西和海南 5 省份热量资源利用效率总体呈降低趋势，尤其是福建北部地区，降低趋势为 0.51～0.90 kg·hm^{-2}·(℃·d)$^{-1}$·(10a)$^{-1}$，其余大部分地区降低趋势小于 0.50 kg·hm^{-2}·(℃·d)$^{-1}$·(10a)$^{-1}$；江西、湖南等内陆省份和浙江沿海站点热量资源利用效率每 10 年提高 0.01～0.50 kg·hm^{-2}·(℃·d)$^{-1}$。

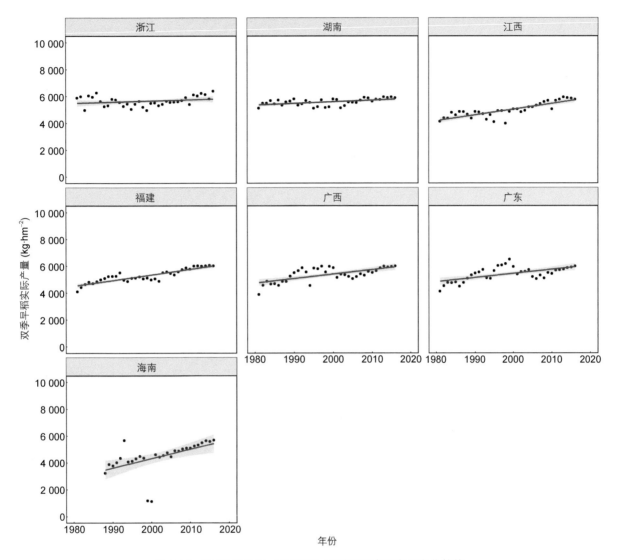

图 6-16　近 37 年各省（自治区）双季早稻实际产量变化趋势

　　各小图分别表示各省（自治区）1981~2017 年逐年双季早稻实际产量及其线性变化趋势。横坐标表示年份，为 1981~2017 年；纵坐标表示双季早稻实际产量。

　　近 37 年各省（自治区）双季早稻实际产量随年份增加均呈提高趋势，浙江和湖南 20 世纪 80 年代产量较高，为 6000 kg·hm^{-2} 左右，其余各省（自治区）均为 4000 kg·hm^{-2} 左右；2011~2017 年各省（自治区）实际产量均为 6000 kg·hm^{-2} 左右。从各省（自治区）变化趋势看，浙江和湖南提高趋势较为平缓，近 37 年实际产量均为 6000 kg·hm^{-2} 左右；海南提高幅度最大，由 20 世纪 80 年代的 3000 kg·hm^{-2} 左右逐年提高至 2011~2017 年的 6000 kg·hm^{-2}；广西和广东变化趋势相似，均呈波动提高，在 1995~2000 年达到一个峰值，为 6000 kg·hm^{-2} 左右，并在 2005 年前后回落至 5000 kg·hm^{-2}。江西和福建总体提高趋势与广东、广西大致相同，但年际间波动较小，无明显的波峰和波谷。

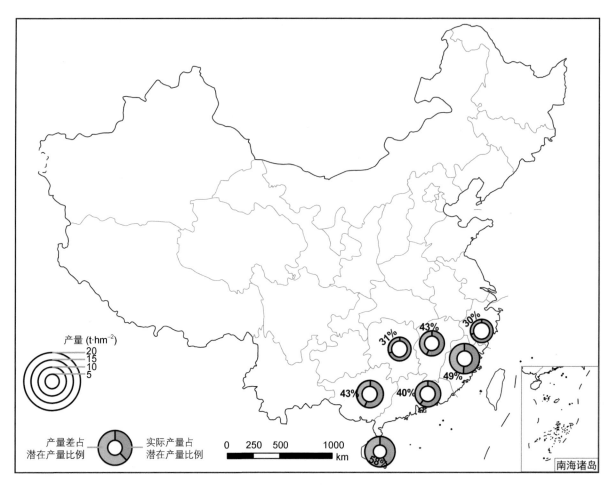

图 6-17　近 37 年各省（自治区）双季早稻实际产量与光温潜在产量之间产量差的空间分布
台湾省资料暂缺

图中空心饼图代表近 37 年（1981~2017 年）我国双季稻主产区各省（自治区）双季早稻实际产量与光温潜在产量之间产量差。内圆表示实际产量，外圆表示光温潜在产量，圆环大小代表产量的数值大小，圆环面积越大，产量越高。外圆与内圆内的蓝色部分表示产量差占光温潜在产量的比例，红色部分表示实际产量占光温潜在产量的比例，蓝色（红色）区域面积越大表示占比越高。

1981~2017 年研究区域内双季早稻实际产量与光温潜在产量之间产量差存在空间差异，各省的变化范围为 30%~58%。其中，海南产量差（58%）最大，福建（49%）次之，广东、广西和江西 3 个省份产量差为 40%~43%，湖南和浙江产量差最低，为 30% 左右。

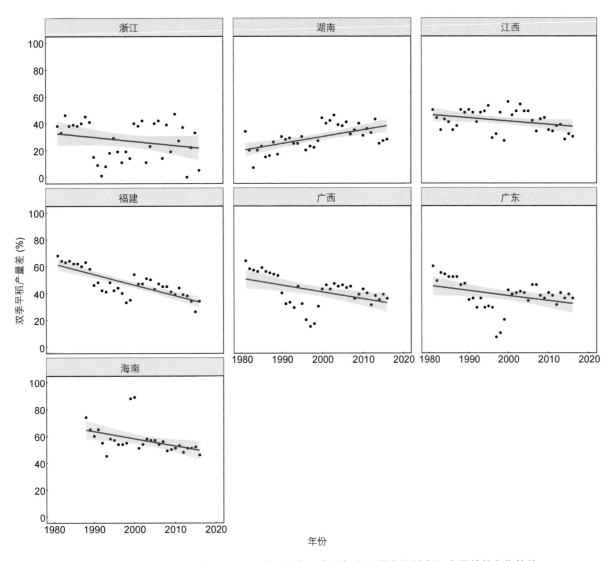

图 6-18　近 37 年各省（自治区）双季早稻实际产量与光温潜在产量之间产量差的变化趋势

各小图分别表示各省（自治区）1981～2017 年逐年双季早稻实际产量与光温潜在产量之间产量差及其线性变化趋势。横坐标表示年份，为 1981～2017 年；纵坐标表示双季早稻产量差。

近 37 年各省（自治区）早稻产量差变化趋势存在差异，除湖南外其他省份产量差随年份增加呈缩小趋势。20 世纪 80 年代，福建、广西、广东和海南早稻产量差较高，为 60%左右，浙江和江西次之，为 40%左右，湖南产量差最低，为 20%左右；2011～2017 年海南产量差最高，达 50%，浙江产量差最低，在 20%左右波动，其余各省均为 40%左右。从各省（自治区）变化趋势看，湖南产量差呈波动扩大趋势，在 2005 年前后达到峰值（40%）；浙江产量差年际波动较大，在 1990～1995 年达到最低值，并在 2010 年达到最高值（50%）；江西产量差呈波动缩小的趋势，并在 1990～2005 年存在一个高值（60%左右）。福建、广东和广西变化趋势相似，均在 1995～2000 年达到低值，福建为 30%，广东和广西为 20%左右。海南变化趋势与福建大致相同，但无明显的年际间波动。

第 7 章　双季晚稻潜在产量及气候资源利用图

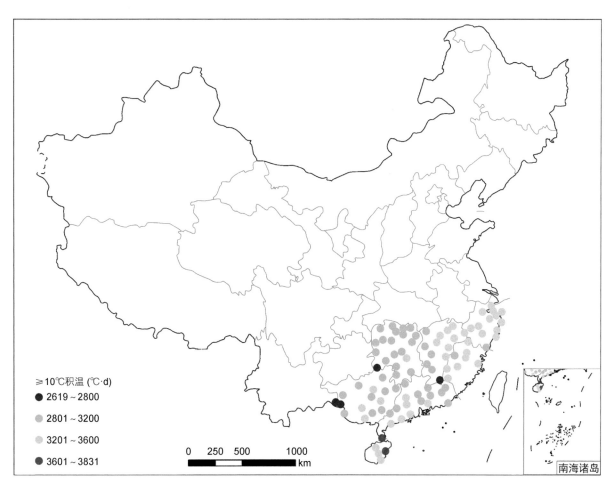

图 7-1　近 37 年双季晚稻生长季内≥10℃积温平均值
台湾省资料暂缺

　　图中圆点代表 1981～2017 年双季晚稻生长季内≥10℃积温的平均值，圆点颜色代表积温的高低，越偏向蓝色代表越低，越偏向红色代表越高。

　　研究区域内双季晚稻生长季内≥10℃积温存在明显的区域特征，全区变化范围为 2619～3831℃·d。从各区域的特点来看，海南双季晚稻生长季内≥10℃积温最高，为 3201～3831℃·d；浙江、福建、江西东部和广东≥10℃积温次之，为 3201～3600℃·d；其他大部分地区双季晚稻生长季内≥10℃积温为 2801～3200℃·d；生长季内≥10℃积温低于 2800℃·d 的站点较少，主要分布在广西西部。

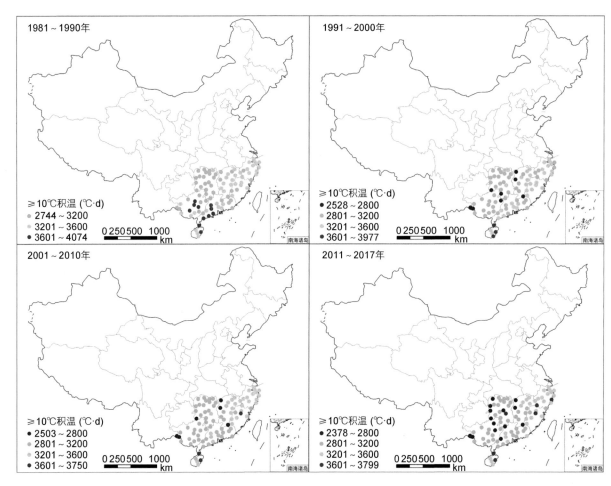

图 7-2　双季晚稻生长季内≥10℃积温各年代空间分布

台湾省资料暂缺

　　4张小图分别代表4个年代双季晚稻生长季内≥10℃积温值，依次为20世纪80年代（1981～1990年）和90年代（1991～2000年）、21世纪前10年（2001～2010年）和2011～2017年。图中圆点代表对应年代≥10℃积温的平均值，圆点颜色代表≥10℃积温的高低，越偏向蓝色代表越低，越偏向红色代表越高。

　　研究区域内双季晚稻实际生长季内各年代≥10℃积温分布区域特征显著。4个年代的变化范围分布为2744～4074℃·d、2528～3977℃·d、2503～3750℃·d 和 2378～3799℃·d。从各双季稻区的特点来看，华南双季稻区双季晚稻生长季内各年代≥10℃积温皆为全区最高，且广东和福建随年代增加≥10℃积温呈升高的趋势。与各年代相比，20世纪90年代广东东部≥10℃积温较高，大部分站点高于3201℃·d，而其他各年代均为2801～3200℃·d。相较于21世纪前10年，2011～2017年福建双季晚稻生长季内≥10℃积温明显增加，多数站点≥10℃积温高于 3200℃·d；长江中下游双季稻区双季晚稻生长季内各年代间≥10℃积温无明显差异，区域大部分站点≥10℃积温为2801～3600℃·d，湖南西北部部分地区低于2800℃·d。

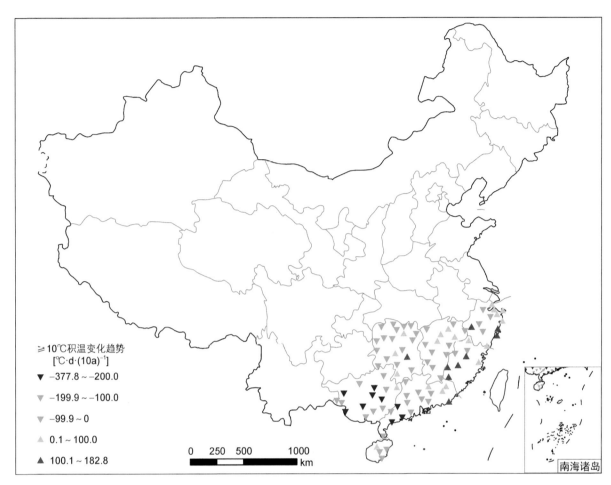

图 7-3　近 37 年双季晚稻生长季内≥10℃积温变化趋势
台湾省资料暂缺

　　图中三角形代表 1981～2017 年双季晚稻生长季内≥10℃积温的变化趋势，上三角表示升高趋势，下三角表示降低趋势，三角形颜色代表≥10℃积温变化速率，越偏向蓝色代表降低越快，越偏向红色代表升高越快。

　　近 37 年研究区域内双季晚稻生长季内≥10℃积温变化趋势空间差异较大，浙江沿海地区和福建多数站点≥10℃积温呈升高趋势，其余大部分地区呈降低趋势，全区变化趋势范围为−377.8～182.8℃·d·(10a)$^{-1}$。从各双季稻区的特点来看，华南地区的广西、广东和海南呈降低趋势，其中广西降低趋势最大，大于 200℃·d·(10a)$^{-1}$，广东次之，为 100～199.9℃·d·(10a)$^{-1}$，海南降低趋势最小，低于 99.9℃·d·(10a)$^{-1}$，福建大部≥10℃积温每 10 年升高趋势大于 100.1℃·d；长江中下游地区除浙江沿海站点和江西东北部部分站点≥10℃积温升高外，其余大部呈降低趋势，湖南降低趋势为 100～199.9℃·d·(10a)$^{-1}$，大于江西南部≥10℃积温的变化趋势。

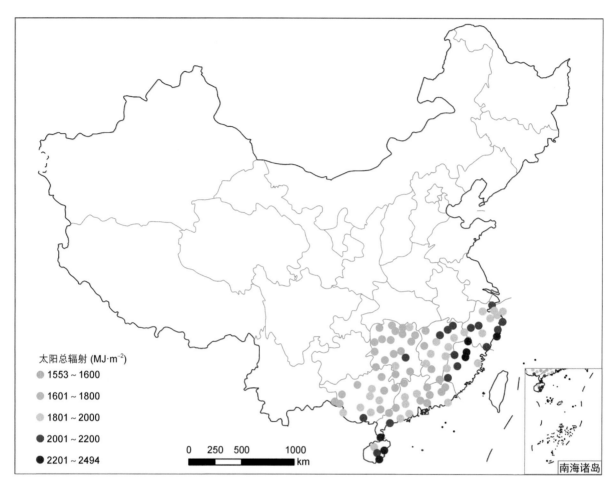

图 7-4　近 37 年双季晚稻生长季内太阳总辐射平均值
台湾省资料暂缺

　　图中圆点代表 1981～2017 年双季晚稻生长季内太阳总辐射的平均值,圆点颜色代表太阳总辐射的高低,越偏向蓝色代表越低,越偏向红色代表越高。

　　研究区域内双季晚稻生长季内太阳总辐射的变化范围为 1553～2494 MJ·m^{-2},总体呈由沿海向内陆逐渐减少的趋势。从各区域特点来看,浙江、江西、福建和海南双季晚稻生长季内太阳总辐射最高,为 1801～2494 MJ·m^{-2},尤其是福建北部和海南太阳总辐射大于 2001 MJ·m^{-2};广西和广东两省太阳总辐射次之,南部地区为 1801～2000 MJ·m^{-2},北部地区为 1601～1800 MJ·m^{-2};湖南太阳总辐射最低,大部分区域太阳总辐射为 1601～1800 MJ·m^{-2},其中西部少数站点太阳总辐射低于 1600 MJ·m^{-2}。

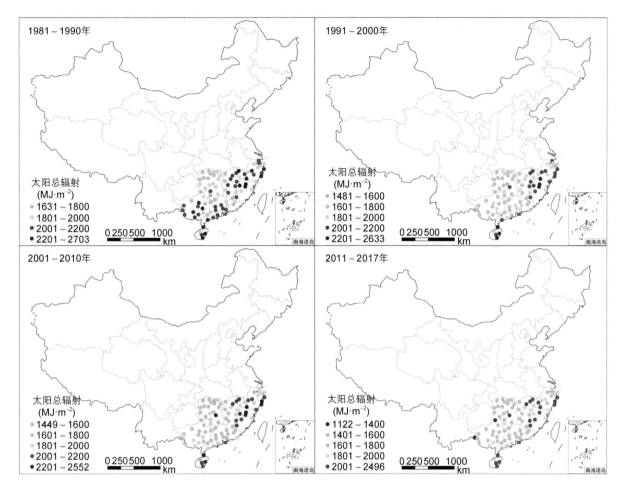

图 7-5　双季晚稻生长季内太阳总辐射各年代平均值
台湾省资料暂缺

4 张小图分别代表 4 个年代双季晚稻实际生长季内太阳总辐射，依次为 20 世纪 80 年代（1981～1990 年）和 90 年代（1991～2000 年）、21 世纪前 10 年（2001～2010 年）和 2011～2017 年。图中圆点代表对应年代太阳总辐射的平均值，圆点颜色代表太阳总辐射的高低，越偏向蓝色代表越低，越偏向红色代表越高。

研究区域内双季晚稻生长季内太阳总辐射随年代增加呈减少趋势。20 世纪 80 年代全区太阳总辐射变化范围为 1631～2703 MJ·m^{-2}，区域差异较小，大部分站点太阳总辐射为 1801～2200 MJ·m^{-2}，高值区位于福建北部和广西西南部，太阳总辐射高于 2201 MJ m^{-2}，低值区位于湖南西北部，太阳总辐射低于 1800 MJ·m^{-2}；20 世纪 90 年代全区太阳总辐射变化范围为 1481～2633 MJ·m^{-2}，相比于 20 世纪 80 年代，广西、广东和湖南太阳总辐射低于 1800 MJ·m^{-2} 的站点比例增多，低值区范围扩大；21 世纪前 10 年全区太阳总辐射变化范围为 1449～2552 MJ·m^{-2}，太阳总辐射的空间分布与 20 世纪 90 年代相比无明显变化；2011～2017 年全区太阳总辐射变化范围为 1122～2496 MJ·m^{-2}，湖南和广东太阳总辐射低于 1800 MJ·m^{-2} 的站点比例增多，太阳总辐射空间分布与 21 世纪前 10 年一致。

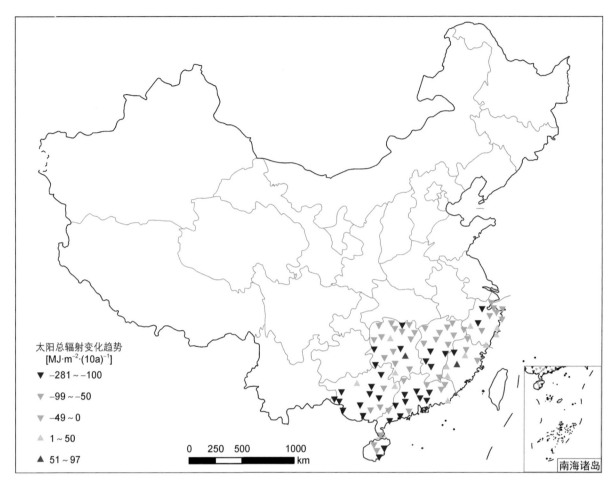

图 7-6　近 37 年双季晚稻生长季内太阳总辐射变化趋势
台湾省资料暂缺

　　图中三角形代表近 37 年（1981～2017 年）双季晚稻生长季内太阳总辐射变化趋势，上三角表示增加趋势，下三角表示减少趋势，三角形颜色代表太阳总辐射变化速率，越偏向蓝色代表减少越快，越偏向红色代表增加越快。

　　近 37 年研究区域内双季晚稻生长季内太阳总辐射变化趋势空间差异较小，全区的变化趋势范围为 $-281～97\ MJ\cdot m^{-2}\cdot(10a)^{-1}$，多数站点太阳总辐射呈减少趋势。从各双季稻区的特点来看，华南双季稻区太阳总辐射总体呈减少趋势，特别是广东、广西和海南，多数站点每 10 年减少为 $100～281\ MJ\cdot m^{-2}$，海南北部、广东东部区域太阳总辐射减少趋势小于 $49\ MJ\cdot m^{-2}\cdot(10a)^{-1}$，福建南部区域太阳总辐射略有增加，总体趋势小于 $50\ MJ\cdot m^{-2}\cdot(10a)^{-1}$；长江中下游地区太阳总辐射同样呈减少趋势，南部区域减少趋势大多大于 $100\ MJ\cdot m^{-2}\cdot(10a)^{-1}$，而北部区域减少趋势小于 $99\ MJ\cdot m^{-2}\cdot(10a)^{-1}$。

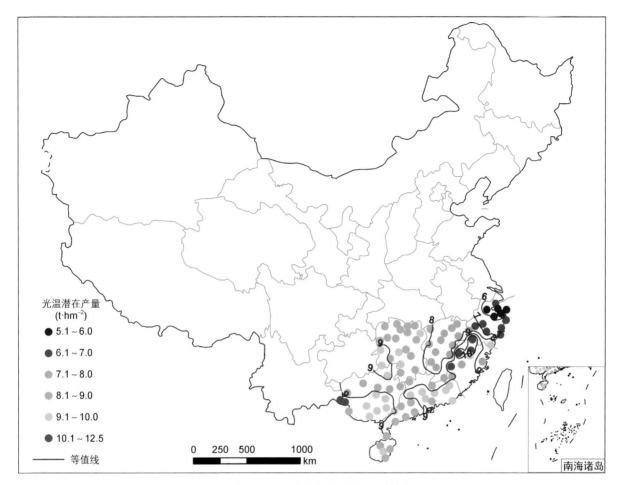

图 7-7　近 37 年双季晚稻光温潜在产量平均值

台湾省资料暂缺

　　图中圆点代表近 37 年（1981～2017 年）双季晚稻光温潜在产量的平均值，圆点颜色代表光温潜在产量的高低，越偏向蓝色代表越低，越偏向红色代表越高。紫色的曲线代表产量等值线，线两端的数字为该等值线所对应的产量。

　　研究区域内双季晚稻光温潜在产量呈明显的区域特征，全区变化范围为 5.1～12.5 t·hm^{-2}。从各区域特点来看，福建北部双季晚稻光温潜在产量最高，大于 10.1 t·hm^{-2}；广东东部、广西西南部和湖南西南部次之，双季晚稻光温潜在产量为 9.1～10.0 t·hm^{-2}；江西和浙江双季晚稻光温潜在产量较低，为 5.1～8.0 t·hm^{-2}，尤其是浙江北部，晚稻光温潜在产量低于 6.0 t·hm^{-2}；其余大部分地区包括湖南大部、广西北部、广东西部和海南，晚稻光温潜在产量为 8.1～9.0 t·hm^{-2}。

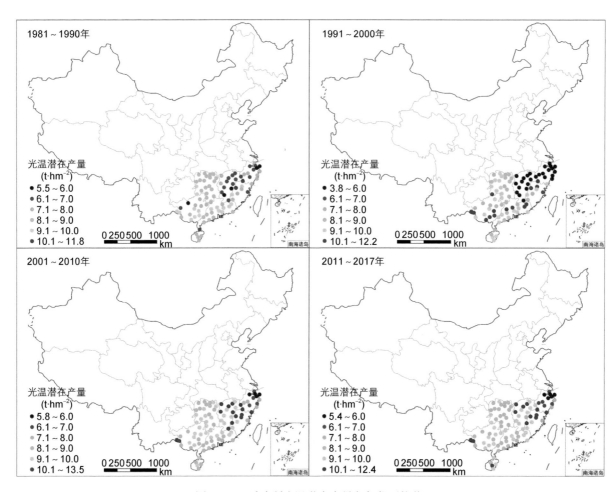

图 7-8 双季晚稻光温潜在产量各年代平均值

台湾省资料暂缺

4 张小图分别代表 4 个年代双季晚稻光温潜在产量年代平均值，依次为 20 世纪 80 年代（1981～1990 年）和 90 年代（1991～2000 年）、21 世纪前 10 年（2001～2010 年）和 2011～2017 年。图中圆点代表对应年代光温潜在产量的平均值，圆点颜色代表光温潜在产量的高低，越偏向蓝色代表越低，越偏向红色代表越高。

研究区域内各年代间双季晚稻光温潜在产量的空间分布存在差异。20 世纪 80 年代全区双季晚稻光温潜在产量的变化范围为 5.5～11.8 t·hm^{-2}，广西东部和广东东部光温潜在产量最高，为 9.1～10.0 t·hm^{-2}，广东西部和湖南次之，光温潜在产量为 8.1～9.0 t·hm^{-2}，其余区域光温潜在产量低于 8.0 t·hm^{-2}，尤其是浙江北部和江西，光温潜在产量为 5.5～7.0 t·hm^{-2}；与 20 世纪 80 年代相比，90 年代低值区产量降低，浙江和江西光温潜在产量低于 6.0 t·hm^{-2}，其余大部光温潜在产量增加，产量为 8.1～10.0 t·hm^{-2}，尤其是湖南西部，光温潜在产量为 9.1～10.0 t·hm^{-2} 的站点比例显著增加；21 世纪前 10 年全区光温潜在产量变化范围为 5.8～13.5 t·hm^{-2}，与 20 世纪 90 年代相比，产量高值区从广东、广西移动至江西和福建，光温潜在产量大于 10.1 t·hm^{-2}，产量低值区缩小至浙江，光温潜在产量低于 8.0 t·hm^{-2}，湖南南部至广东、广西地区北部光温潜在产量为 9.1～10.0 t·hm^{-2}，其余地区光温潜在产量为 8.1～9.0 t·hm^{-2}；2011～2017 年全区光温潜在产量变化范围为 5.4～12.4 t·hm^{-2}，与 21 世纪前 10 年相比，光温潜在产量为 9.1～10.0 t·hm^{-2} 的站点比例减小，尤其是湖南南部和广东北部地区。

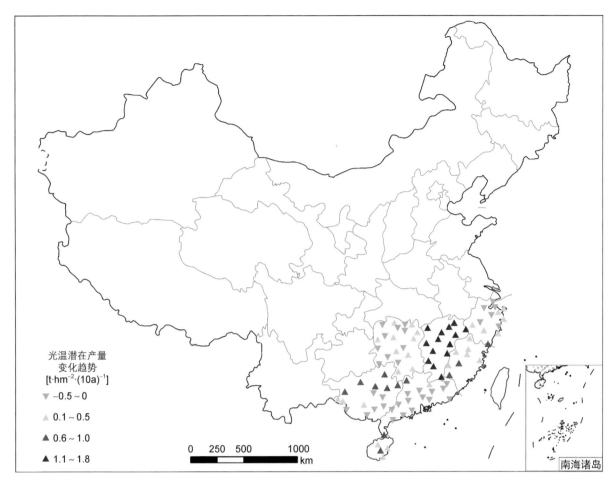

图 7-9　近 37 年双季晚稻光温潜在产量变化趋势
台湾省资料暂缺

　　图中三角形代表近 37 年（1981～2017 年）双季晚稻光温潜在产量变化趋势，上三角表示提高趋势，下三角表示降低趋势，三角形颜色代表产量变化速率，越偏向红色代表提高越快。

　　近 37 年研究区域内双季晚稻光温潜在产量变化趋势区域差异明显，广西南部、广东、浙江北部和湖南中西部大部分地区双季晚稻光温潜在产量呈降低趋势，每 10 年减少 0～0.5 t·hm^{-2}；江西、福建、浙江沿海、广西北部和湖南东部，双季晚稻光温潜在产量呈提高趋势，特别是江西，产量提高趋势最大，为 1.1～1.8 t·hm^{-2}·(10a)$^{-1}$，广西北部次之，为 0.6～1.0 t·hm^{-2}·(10a)$^{-1}$，其余地区产量提高趋势小于 0.5 t·hm^{-2}·(10a)$^{-1}$。

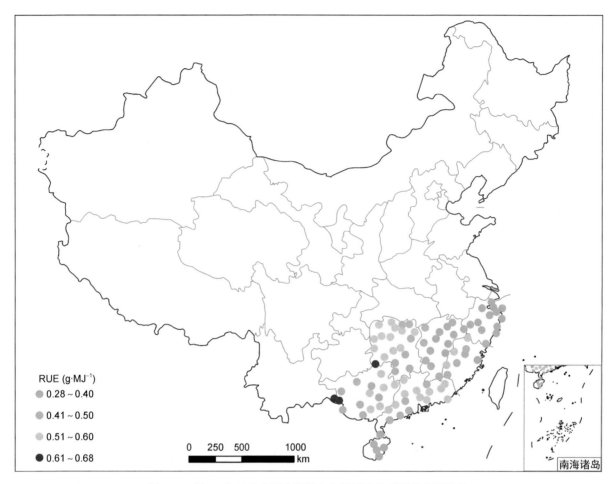

图 7-10 近 37 年双季晚稻光温潜在产量下光能利用效率平均值
台湾省资料暂缺

　　图中圆点代表 1981～2017 年双季晚稻光温潜在产量下光能利用效率的平均值，圆点颜色代表光能利用效率的高低，越偏向蓝色代表越低，越偏向红色代表越高。

　　研究区域内双季晚稻光温潜在产量下光能利用效率的全区变化范围为 0.28～0.68 g·MJ^{-1}，高值区主要分布在湖南西北部、广西东部和广东东北部，光能利用效率为 0.51～0.68 g·MJ^{-1}；低值区分布在浙江、江西中东部和海南，大部分区域光能利用效率低于 0.40 g·MJ^{-1}；其余地区双季晚稻的光能利用效率为 0.41～0.50 g·MJ^{-1}，主要分布在湖南东南部、江西西部和广西西部地区。

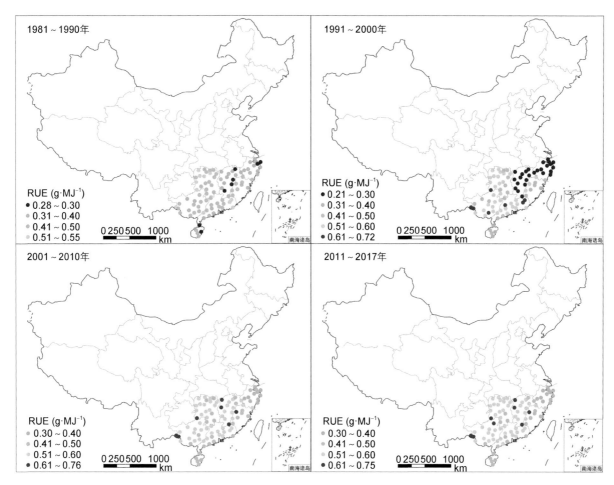

图 7-11　双季晚稻光温潜在产量下光能利用效率各年代平均值
台湾省资料暂缺

　　4 张小图分别代表 4 个年代双季晚稻光温潜在产量下光能利用效率年代平均值，依次为 20 世纪 80 年代（1981～1990 年）和 90 年代（1991～2000 年）、21 世纪前 10 年（2001～2010 年）和 2011～2017 年。图中圆点代表对应年代光温潜在产量下光能利用效率的平均值，圆点颜色代表光能利用效率的高低，越偏向蓝色代表越低，越偏向红色代表越高。

　　研究区域内双季晚稻光温潜在产量下光能利用效率随年代增加总体呈提高趋势。20 世纪 80 年代全区光能利用效率差异较小，变化范围为 0.28～0.55 g·MJ^{-1}，大部分区域光能利用效率为 0.31～0.50 g·MJ^{-1}，其中，浙江、江西和海南光能利用效率较低，小于 0.40 g·MJ^{-1}，湖南西北部光能利用效率较高，为 0.51～0.55 g·MJ^{-1}；相比于 20 世纪 80 年代，90 年代全区光能利用效率差异增大，变化范围为 0.21～0.72 g·MJ^{-1}，浙江和江西光能利用效率最低，小于 0.30 g·MJ^{-1}，福建和海南光能利用效率为 0.31～0.50 g·MJ^{-1}，湖南、广东和广西等大部区域光能利用效率大于 0.51 g·MJ^{-1}；21 世纪前 10 年全区光能利用效率变化范围为 0.30～0.76 g·MJ^{-1}，与 20 世纪 90 年代相比，浙江和江西光能利用效率显著提高至 0.30 g·MJ^{-1} 以上，特别是江西，光能利用效率为 0.51～0.60 g·MJ^{-1}；2011～2017 年全区光能利用效率分布与 21 世纪前 10 年一致，变化范围为 0.30～0.75 g·MJ^{-1}。

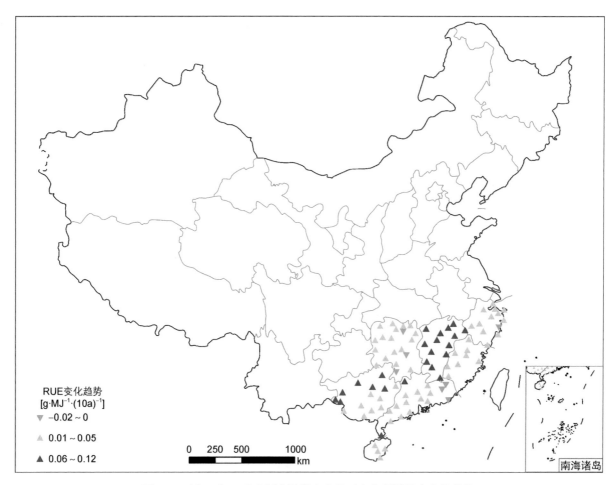

图 7-12　近 37 年双季晚稻光温潜在产量下光能利用效率变化趋势

台湾省资料暂缺

　　图中三角形代表近 37 年（1981～2017 年）双季晚稻光温潜在产量下光能利用效率的变化趋势，上三角表示提高趋势，下三角表示降低趋势，三角形颜色代表光能利用效率的变化速率，越偏向红色代表提高越快。

　　近 37 年研究区域内双季晚稻光温潜在产量下光能利用效率的变化趋势较为一致，总体呈提高趋势。其中，江西和广西北部光能利用效率提高趋势大于 0.06 g·MJ^{-1}·(10a)$^{-1}$，其余大部分区域光能利用效率每 10 年提高趋势小于 0.05 g·MJ^{-1}，仅广东东部和湖南中部个别站点的双季晚稻光能利用效率略有降低，降低趋势小于 0.02 g·MJ^{-1}。

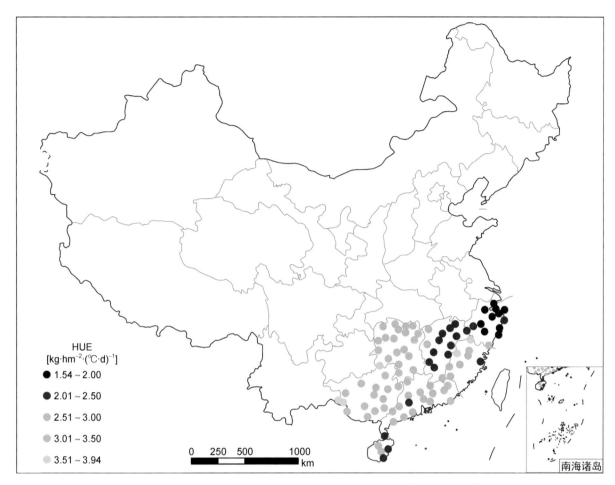

图 7-13　近 37 年双季晚稻光温潜在产量下热量资源利用效率平均值
台湾省资料暂缺

　　图中圆点代表 1981～2017 年双季晚稻光温潜在产量下热量资源利用效率的平均值，圆点颜色代表热量资源利用效率的高低，越偏向蓝色代表热量资源利用效率越低，越偏向黄色代表热量资源利用效率越高。

　　研究区域内双季晚稻光温潜在产量下热量资源利用效率变化范围为 1.54～3.94 kg·hm^{-2}·(℃·d)$^{-1}$，区域内差异较小。浙江热量资源利用效率最低的区域，热量资源利用效率低于 2.00 kg·hm^{-2}·(℃·d)$^{-1}$，江西次之，热量资源利用效率为 2.01～2.50 kg·hm^{-2}·(℃·d)$^{-1}$，其余大部分区域，热量资源利用效率为 2.51～3.50 kg·hm^{-2}·(℃·d)$^{-1}$，其中湖南西南部至广西东北部地区利用效率大于 3.01 kg·hm^{-2}·(℃·d)$^{-1}$。

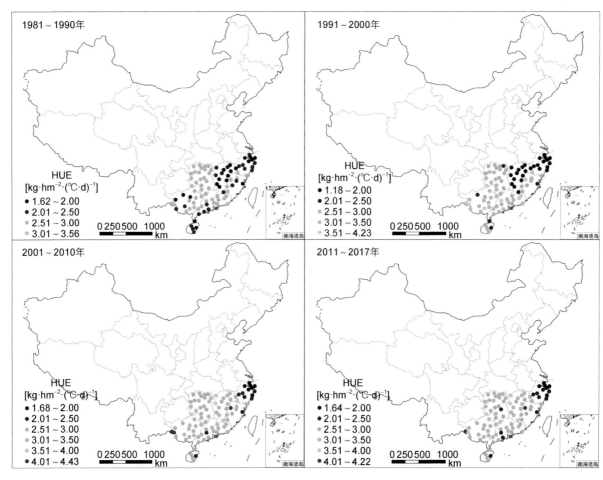

图 7-14　双季晚稻光温潜在产量下热量资源利用效率各年代平均值

台湾省资料暂缺

　　4 张小图分别代表 4 个年代双季晚稻光温潜在产量下热量资源利用效率年代平均值，依次为 20 世纪 80 年代（1981～1990 年）和 90 年代（1991～2000 年）、21 世纪前 10 年（2001～2010 年）和 2011～2017 年。图中圆点代表对应年代光温潜在产量下热量资源利用效率的平均值，圆点颜色代表热量资源利用效率的高低，越偏向蓝色代表越低，越偏向红色代表越高。

　　研究区域内双季晚稻各年代光温潜在产量下热量资源利用效率空间分布差异较小。20 世纪 80 年代全区热量资源利用效率变化范围为 1.62～3.56 kg·hm^{-2}·(℃·d)$^{-1}$，浙江、江西、海南和广西西部地区热量资源利用效率小于 2.50 kg·hm^{-2}·(℃·d)$^{-1}$，其他大部分地区热量资源利用效率为 2.51～3.00 kg·hm^{-2}·(℃·d)$^{-1}$。与 20 世纪 80 年代相比，90 年代湖南、广东和广西热量资源利用效率为 3.01～3.50 kg·hm^{-2}·(℃·d)$^{-1}$ 的站点比例增加，全区变化范围为 1.18～4.23 kg·hm^{-2}·(℃·d)$^{-1}$；21 世纪前 10 年和 2011～2017 年全区热量资源利用效率分布无明显差异，变化范围分别为 1.68～4.43 kg·hm^{-2}·(℃·d)$^{-1}$ 和 1.64～4.22 kg·hm^{-2}·(℃·d)$^{-1}$，低值区位于浙江，热量资源利用效率小于 2.50 kg·hm^{-2}·(℃·d)$^{-1}$，其余大部分地区利用效率为 2.51～3.50 kg·hm^{-2}·(℃·d)$^{-1}$。

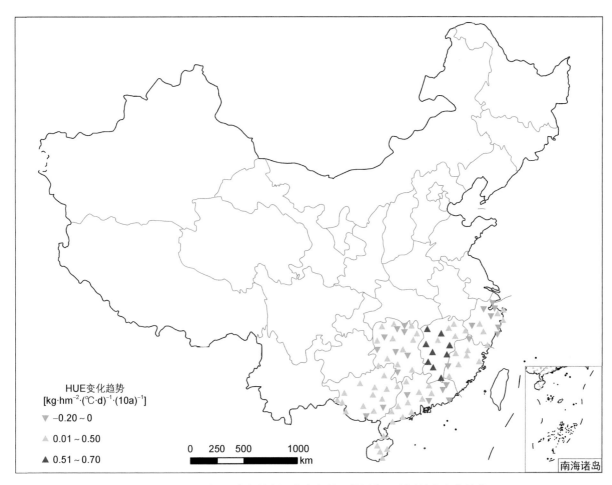

图 7-15　近 37 年双季晚稻光温潜在产量下热量资源利用效率变化趋势
台湾省资料暂缺

　　图中三角形代表近 37 年（1981～2017 年）双季晚稻光温潜在产量下热量资源利用效率的变化趋势，上三角表示提高趋势，下三角表示降低趋势，三角形颜色代表热量资源利用效率的变化速率，越偏向红色代表提高越快。

　　近 37 年研究区域内双季晚稻光温潜在产量下热量资源利用效率总体呈提高趋势，江西为热量资源利用效率提高的高值区，变化趋势为 0.51～0.70 kg·hm^{-2}·(℃·d)$^{-1}$·(10a)$^{-1}$，其余广西、广东西部和福建等地热量资源利用效率提高趋势小于 0.50 kg·hm^{-2}·(℃·d)$^{-1}$·(10a)$^{-1}$，湖南部分地区、浙江北部和广东东部双季晚稻热量资源利用效率略有降低，降低趋势小于 0.20 kg·hm^{-2}·(℃·d)$^{-1}$·(10a)$^{-1}$。

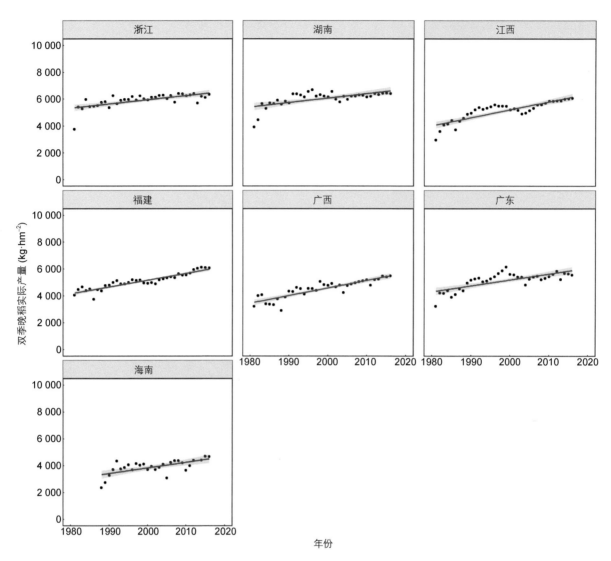

图 7-16　近 37 年各省（自治区）双季晚稻实际产量变化趋势

　　各小图分别表示各省（自治区）1981～2017 年逐年双季晚稻实际产量及其线性变化趋势。横坐标表示年份，为 1981～2017 年；纵坐标表示双季晚稻实际产量。

　　近 37 年各省（自治区）双季晚稻实际产量随年份增加均呈提高趋势，浙江和湖南 20 世纪 80 年代产量较高，为 6000 kg·hm^{-2} 左右，其余各省均为 4000 kg·hm^{-2} 左右；2011～2017 年海南晚稻实际产量较低，为 5000 kg·hm^{-2} 左右，其余各省均为 6000 kg·hm^{-2} 左右。从各省（自治区）变化趋势看，浙江、福建、广西和海南变化趋势相似，均无明显的波峰、波谷；湖南、江西和广东实际产量均呈波动提高趋势，并在 1995～2000 年期间存在峰值，为 6000 kg·hm^{-2} 左右，其中广东波动最为明显。

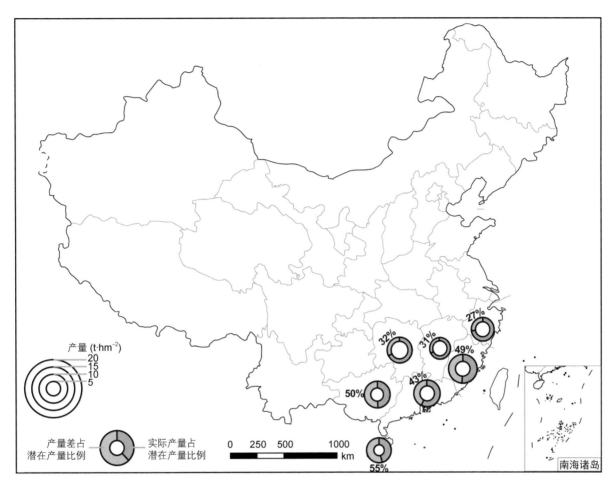

图 7-17　近 37 年各省（自治区）双季晚稻实际产量与光温潜在产量之间产量差的空间分布

台湾省资料暂缺

　　图中空心饼图代表近 37 年（1981～2017 年）我国双季稻主产区内各省（自治区）双季晚稻实际产量与光温潜在产量之间产量差。内圆表示实际产量，外圆表示光温潜在产量，圆环大小代表产量的数值大小，圆环面积越大，产量越高。外圆与内圆内的蓝色部分表示产量差占光温潜在产量的比例，红色部分表示实际产量占光温潜在产量的比例，蓝色（红色）区域面积越大表示占比越高。

　　1981～2017 年研究区域内各省（自治区）双季晚稻实际产量与光温潜在产量之间产量差存在较大的空间差异，变化范围为 27%～55%。其中，海南产量差最大（55%），福建和广西次之，分别为 49% 和 50%，广东产量差为 43%，长江中下游地区的湖南、江西和浙江三省产量差最低，为 30% 左右。

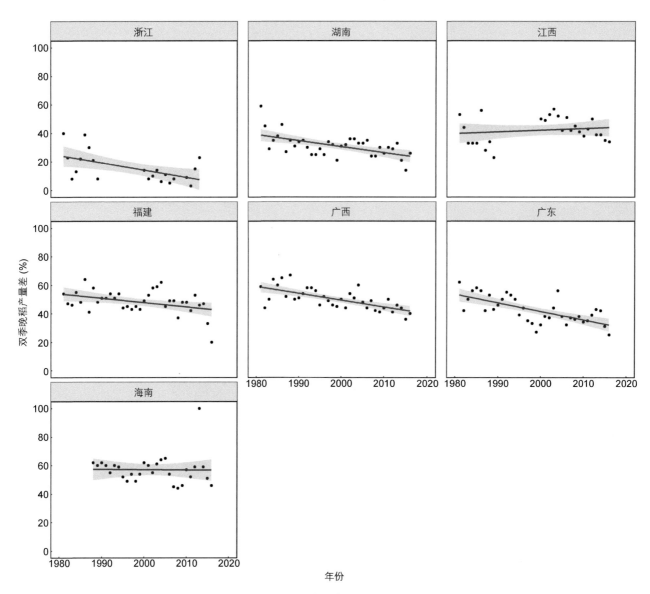

图 7-18 近 37 年各省（自治区）双季晚稻实际产量与光温潜在产量之间产量差的变化趋势

各小图分别表示各省（自治区）1981～2017 年逐年双季晚稻实际产量与光温潜在产量之间产量差及其变化趋势。横坐标表示年份，为 1981～2017 年；纵坐标表示双季晚稻产量差。

近 37 年各省（自治区）双季晚稻产量差变化趋势存在差异，除江西外其他省份均随年份增加而缩小。20 世纪 80 年代，福建、广西、广东和海南晚稻产量差较高，为 60%左右，湖南和江西次之，为 40%左右，浙江产量差最低，为 20%左右；2011～2017 年海南产量差最高，达 60%，其余各省（自治区）均为 20%～40%。从各省（自治区）变化趋势看，江西和海南变化较为平缓，江西历年产量差均为 40%左右，海南在 60%上下波动；福建、广西和广东产量差呈波动缩小趋势，均存在两个峰值，1990 年前后达到第一个峰值，为 50%左右，在 2005 年达到第二个峰值，为 60%左右，其中广东在 2000 年前后回落至 30%；浙江和湖南变化趋势大致相同，无明显的波峰和波谷。

第8章 总结与展望

8.1 总 结

综合第2至第7章的研究结果,对我国小麦、玉米和水稻三大粮食作物实际产量与光温潜在产量之间产量差、实际产量与雨养潜在产量之间产量差进行对比分析(图8-1),得出以下结论。

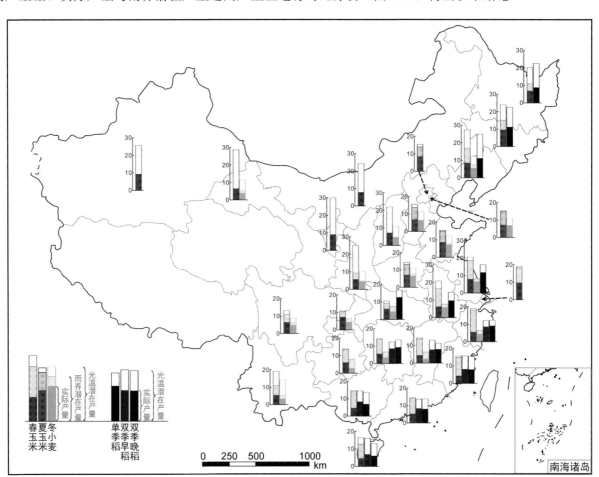

图8-1 玉米、小麦和水稻实际产量、雨养潜在产量、光温潜在产量及产量差
台湾省资料暂缺

东北地区:各省春玉米实际产量与光温潜在产量的产量差为60%~69%,实际产量与雨养潜在产量的产量差为37%~50%。各省水稻实际产量与光温潜在产量的产量差为51%~61%。

华北地区:各省夏玉米实际产量与光温潜在产量的产量差为46%~57%,实际产量与雨养潜在产量的产量差为39%~52%。各省冬小麦实际产量与光温潜在产量的产量差为37%~43%,实际产量与雨养潜在产量的产量差为 1%～17%。

西北地区：各省春玉米实际产量与光温潜在产量的产量差为 64%～77%，实际产量与雨养潜在产量的产量差为 0～39%。各省冬小麦实际产量与光温潜在产量的产量差为 57%～65%，实际产量与雨养潜在产量的产量差为 0～23%。

长江中下游地区：各省春玉米实际产量与光温潜在产量的产量差为 42%～71%，实际产量与雨养潜在产量的产量差为 33%～70%。各省冬小麦实际产量与光温潜在产量的产量差为 21%～62%，实际产量与雨养潜在产量的产量差为 20%～61%。各省单季稻实际产量与光温潜在产量的产量差为 25%～33%。双季早稻实际产量与光温潜在产量的产量差为 30%～43%。双季晚稻实际产量与光温潜在产量的产量差为 27%～32%。

华南地区：各省春玉米实际产量与光温潜在产量的产量差为 64%～72%，实际产量与雨养潜在产量的产量差为 63%～71%。各省双季早稻实际产量与光温潜在产量的产量差为 40%～58%。双季晚稻实际产量与光温潜在产量的产量差为 43%～55%。

西南地区：各省春玉米实际产量与光温潜在产量的产量差为 33%～71%，实际产量与雨养潜在产量的产量差为 29%～55%，各省冬小麦实际产量与光温潜在产量的产量差为 35%～76%，实际产量与雨养潜在产量的产量差为 26%～65%。

图中柱形图代表各省（自治区、直辖市）近 37 年玉米、小麦和水稻实际产量、雨养潜在产量、光温潜在产量及各级产量差。春玉米、夏玉米和冬小麦包括 3 个产量等级，即实际产量、雨养潜在产量和光温潜在产量，每个柱子深色高度代表实际产量，深色加上浅色高度代表雨养潜在产量，柱子总高度代表光温潜在产量；单季稻、双季早稻和双季晚稻包括 2 个产量等级，即实际产量和光温潜在产量。每个柱子深色高度代表实际产量，柱子总高度代表光温潜在产量，产量单位是 t·hm^{-2}。

8.2 展　望

利用调参验证后的作物生长模型模拟了三大粮食作物光温潜在产量和雨养潜在产量，并结合作物生长季内光、温、降水资源，评估了作物潜在产量下的气候资源利用效率，同时结合作物实际产量，定量了三大粮食作物产量差。但由于各种条件限制，该研究仍存在不足：

（1）作物潜在产量模拟的不确定性。作物潜在产量的评估方法主要包括作物生长模型法和经验公式法，本研究采用了目前普遍使用的作物生长模型方法，作物生长模型大多采用物理公式或经验性公式对作物生长发育过程进行定量描述，而作物实际生长过程却十分复杂，作物模型模拟方法只是对作物生长过程的一种近似表达，且不同作物生长模型采用的主要机理过程公式和参数也存在差异。上述原因导致作物生长模型模拟结果与实际情况存在一定偏差，且不同作物生长模型评估结果也存在一定不确定性。为此需要通过不断的深入研究，在揭示作物生理生态机理的基础上构建更加完善的作物生长模型，降低作物生长模型评估的不确定性。

（2）实际产量的空间分辨率低。由于缺乏三大粮食作物的县级实际产量数据，本书中的实际产量以省级为最小单元，不能全面反映实际产量的空间分布特征，导致产量差评估均以省为单位。该结果仅反映了各省的平均状态，无法针对不同县域尺度精细化定量产量差。未来可利用更加精细实际产量数据资料，对我国三大作物主产区的产量差进行更加细化分析。

附　　表

附表1　冬小麦生长季内农业气候资源、潜在产量及资源利用效率

省份	站点名	太阳总辐射（MJ·m⁻²）	降水量（mm）	≥0℃积温（℃·d）	光温潜在产量（t·hm⁻²）	RUE（g·MJ⁻¹）	HUE [kg·hm⁻²·(℃·d)⁻¹]	雨养潜在产量（t·hm⁻²）	WUE（kg·hm⁻²·mm⁻¹）
安徽	寿县	2390	325	2089	6.2	0.26	3.0	5.9	20.9
安徽	滁州	2276	413	2282	5.6	0.25	2.5	5.5	15.0
安徽	六安	2308	472	2253	6.1	0.26	2.7	6.1	14.5
安徽	霍山	2118	564	2131	5.4	0.26	2.6	5.4	10.8
安徽	合肥	2211	431	2241	5.7	0.26	2.5	5.6	15.0
安徽	巢湖	2259	496	2344	5.7	0.25	2.4	5.7	12.9
安徽	安庆	2161	682	2434	4.9	0.23	2.0	4.9	7.7
安徽	宁国	2241	682	2280	4.8	0.22	2.1	4.8	7.4
安徽	屯溪	2079	924	2388	4.7	0.23	2.0	4.7	5.5
安徽	亳州	2549	251	2244	7.8	0.31	3.5	6.2	27.0
安徽	宿州	2590	271	2174	8.1	0.31	3.7	6.6	25.7
甘肃	环县	3879	189	1997	8.3	0.21	4.2	2.6	13.5
甘肃	平凉	3703	207	1928	8.4	0.23	4.4	3.7	18.2
甘肃	西峰镇	3974	267	2132	8.8	0.22	4.1	5.3	20.2
贵州	盘州	2164	210	2137	7.9	0.37	3.8	6.3	32.5
贵州	桐梓	1257	248	1824	5.2	0.42	2.9	5.3	22.2
贵州	习水	1252	291	1485	6.0	0.48	4.0	6.0	21.7
贵州	湄潭	1279	311	1905	5.4	0.42	2.8	5.4	18.5
贵州	思南	1313	363	2367	4.7	0.36	2.0	4.7	13.7
贵州	铜仁	1522	490	2382	4.9	0.35	2.1	5.0	10.6
贵州	黔西	1542	249	1879	6.0	0.39	3.2	6.0	27.0
贵州	安顺	1720	284	1956	6.6	0.38	3.4	6.5	26.4
贵州	贵阳	1471	281	1931	5.9	0.40	3.1	5.9	23.0
贵州	凯里	1541	399	2075	5.9	0.38	2.9	5.9	15.8
贵州	三穗	1550	428	1929	6.2	0.40	3.2	6.3	15.5
贵州	兴义	1943	250	2190	7.2	0.37	3.3	6.4	29.5
贵州	望谟	1755	253	2919	5.4	0.31	1.8	4.6	20.9
贵州	罗甸	1631	272	2938	4.8	0.29	1.6	4.4	18.7
贵州	独山	1566	388	1989	6.4	0.41	3.2	6.3	18.8
贵州	榕江	1535	420	2602	5.0	0.33	1.9	5.0	13.2

续表

省份	站点名	太阳总辐射 （MJ·m⁻²）	降水量 （mm）	≥0℃积温 （℃·d）	光温潜在产量 （t·hm⁻²）	RUE （g·MJ⁻¹）	HUE [kg·hm⁻²·(℃·d)⁻¹]	雨养潜在产量 （t·hm⁻²）	WUE （kg·hm⁻²·mm⁻¹）
河北	石家庄	3027	138	2339	8.1	0.27	3.5	3.6	28.3
河北	邢台	3033	133	2375	8.2	0.27	3.5	3.7	31.5
河北	遵化	3305	170	2076	7.7	0.23	3.7	3.3	21.5
河北	青龙	3417	169	1781	8.0	0.23	4.5	3.6	22.2
河北	秦皇岛	3364	176	1892	8.5	0.25	4.5	5.5	33.3
河北	廊坊	3143	115	2100	7.9	0.25	3.8	2.5	23.8
河北	唐山	3351	154	2086	8.0	0.24	3.9	3.4	23.9
河北	乐亭	3374	161	1966	8.3	0.25	4.2	3.9	24.8
河北	保定	3092	115	2169	7.8	0.25	3.6	2.7	26.2
河北	饶阳	3240	114	2027	9.1	0.28	4.5	3.1	29.5
河北	黄骅	3227	134	2110	8.2	0.26	3.9	3.3	26.2
河北	南宫	3068	127	2089	8.6	0.28	4.1	3.2	27.3
河南	安阳	2568	151	2280	7.7	0.30	3.4	4.4	31.3
河南	新乡	2569	152	2250	7.9	0.31	3.5	4.3	30.5
河南	三门峡	2765	202	2326	7.7	0.28	3.3	4.7	24.0
河南	卢氏	2811	236	2029	7.9	0.28	3.9	4.9	21.3
河南	孟津	2903	210	2293	8.4	0.29	3.6	5.3	26.0
河南	栾川	2838	289	1899	8.7	0.31	4.6	6.4	22.6
河南	郑州	2622	195	2191	7.6	0.29	3.5	5.1	28.2
河南	许昌	2607	231	2179	7.5	0.29	3.4	5.8	26.3
河南	开封	2725	188	2267	7.8	0.29	3.4	5.3	29.7
河南	西峡	2540	277	2358	7.3	0.29	3.1	6.6	24.3
河南	南阳	2343	232	2131	7.0	0.30	3.3	6.4	29.0
河南	宝丰	2488	247	2154	7.3	0.30	3.4	5.9	25.2
河南	西华	2632	257	2237	7.7	0.29	3.4	6.2	25.4
河南	驻马店	2417	298	2142	7.3	0.30	3.4	6.9	24.6
河南	商丘	2618	223	2092	7.6	0.29	3.6	6.0	28.0
湖北	房县	2192	290	2099	7.5	0.34	3.6	6.4	22.6
湖北	老河口	2119	328	2309	7.2	0.34	3.1	6.7	22.1

省份	站点名	太阳总辐射 （MJ·m⁻²）	降水量 （mm）	≥0℃积温 （℃·d）	光温潜在产量 （t·hm⁻²）	RUE （g·MJ⁻¹）	HUE [kg·hm⁻²·(℃·d)⁻¹]	雨养潜在产量 （t·hm⁻²）	WUE （kg·hm⁻²·mm⁻¹）
湖北	枣阳	2167	287	2269	5.0	0.23	2.2	4.7	17.8
湖北	巴东	1771	380	2583	6.0	0.34	2.3	6.0	16.4
湖北	钟祥	2090	368	2345	5.0	0.24	2.1	4.9	14.6
湖北	麻城	2124	477	2226	5.4	0.26	2.4	5.3	13.1
湖北	宜昌	1815	401	2499	6.3	0.35	2.5	6.2	16.7
湖北	荆州	1949	468	2358	4.6	0.24	2.0	4.6	10.5
湖北	天门	2054	514	2539	4.6	0.23	1.9	4.6	10.1
湖北	嘉鱼	2001	709	2526	4.9	0.25	2.0	4.9	7.5
湖北	黄石	2034	665	2429	4.7	0.23	1.9	4.6	7.6
湖南	桑植	1401	516	2170	5.5	0.39	2.5	5.5	11.7
湖南	石门	1761	581	2406	6.7	0.38	2.8	6.6	12.5
湖南	南县	1740	645	2443	4.4	0.26	1.8	4.3	7.2
湖南	岳阳	1840	714	2558	4.7	0.26	1.8	4.6	7.0
湖南	吉首	1397	553	2241	5.6	0.40	2.5	5.6	10.7
湖南	沅陵	1463	607	2255	5.8	0.40	2.6	5.9	10.2
湖南	常德	1799	668	2426	4.5	0.25	1.9	4.5	7.1
湖南	安化	1557	817	2205	4.0	0.26	1.8	3.9	5.1
湖南	沅江	1721	725	2490	4.3	0.25	1.7	4.2	6.1
湖南	平江	1701	811	2417	4.5	0.27	1.9	4.5	5.9
湖南	芷江	1505	529	2230	6.1	0.41	2.7	6.1	12.0
湖南	邵阳	1647	651	2357	4.5	0.27	1.9	4.4	7.1
湖南	双峰	1580	726	2353	4.4	0.28	1.9	4.3	6.2
湖南	南岳	1704	993	1526	5.8	0.34	3.8	5.8	6.0
湖南	武冈	1541	640	2278	4.3	0.28	1.9	4.2	7.0
湖南	零陵	1670	782	2500	4.1	0.25	1.7	4.1	5.5
湖南	衡阳	1743	757	2675	4.2	0.24	1.6	4.1	5.7
湖南	道县	1700	842	2658	4.1	0.24	1.6	4.1	5.2
湖南	郴州	1629	779	2535	3.9	0.24	1.5	3.8	5.1
江苏	盱眙	2704	362	2181	6.0	0.23	2.8	5.9	18.0

续表

省份	站点名	太阳总辐射 （MJ·m⁻²）	降水量 （mm）	≥0℃积温 （℃·d）	光温潜在产量 （t·hm⁻²）	RUE （g·MJ⁻¹）	HUE [kg·hm⁻²·(℃·d)⁻¹]	雨养潜在产量 （t·hm⁻²）	WUE （kg·hm⁻²·mm⁻¹）
江苏	射阳	2845	327	2128	6.7	0.23	3.2	6.4	21.9
江苏	南京	2406	443	2305	5.7	0.24	2.5	5.7	14.4
江苏	高邮	2643	380	2214	6.4	0.24	2.9	6.4	18.9
江苏	东台	2657	403	2150	6.4	0.24	3.0	6.3	17.6
江苏	南通	2462	445	2270	5.4	0.22	2.4	5.4	13.0
江苏	吕四港镇	2634	434	2239	5.8	0.22	2.6	5.8	14.4
江苏	常州	2418	476	2363	5.4	0.22	2.3	5.4	12.0
江苏	溧阳	2325	535	2311	5.2	0.23	2.2	5.1	10.4
江苏	吴中	2535	547	2394	5.2	0.21	2.2	5.2	9.9
江苏	徐州	2783	252	2232	8.1	0.29	3.6	6.2	26.2
江苏	赣榆	3095	290	2215	8.9	0.29	4.1	7.5	27.6
江西	修水	1901	864	2382	4.6	0.25	2.0	4.6	5.8
江西	宜春	1732	894	2499	4.4	0.26	1.8	4.4	5.1
江西	吉安	1719	846	2659	4.2	0.25	1.6	4.2	5.3
江西	遂川	1814	697	2698	4.5	0.25	1.7	4.5	6.8
江西	赣州	1811	776	2832	4.4	0.25	1.6	4.4	6.2
江西	鄱阳	1985	910	2570	4.8	0.25	1.9	4.8	5.7
江西	南昌	1996	899	2566	4.9	0.25	1.9	4.9	5.9
江西	樟树	2188	943	2561	4.5	0.24	1.8	4.4	4.9
江西	贵溪	1973	1026	2630	4.4	0.24	1.7	4.3	4.4
江西	玉山	1833	987	2447	4.6	0.26	1.9	4.6	4.9
江西	南城	1753	939	2539	4.5	0.26	1.8	4.4	5.1
江西	广昌	1727	950	2598	4.5	0.27	1.8	4.4	5.1
江西	寻乌	1791	777	2797	4.8	0.27	1.8	4.6	6.6
辽宁	锦州	3257	164	1764	8.8	0.27	5.0	4.7	25.5
辽宁	绥中	3329	178	1739	9.2	0.28	5.3	5.0	25.9
辽宁	兴城	3364	160	1658	9.3	0.28	5.6	5.6	31.0
辽宁	营口	3250	207	1699	8.9	0.28	5.3	6.6	28.9
辽宁	熊岳	3076	198	1718	8.9	0.29	5.2	4.8	21.8

省份	站点名	太阳总辐射 （MJ·m⁻²）	降水量 （mm）	≥0℃积温 （℃·d）	光温潜在产量 （t·hm⁻²）	RUE （g·MJ⁻¹）	HUE [kg·hm⁻²·(℃·d)⁻¹]	雨养潜在产量 （t·hm⁻²）	WUE （kg·hm⁻²·mm⁻¹）
辽宁	瓦房店	3046	192	1670	9.3	0.30	5.6	5.5	26.5
辽宁	庄河	2955	230	1542	9.2	0.31	6.0	7.2	29.5
山东	惠民	3078	145	2172	9.1	0.30	4.2	3.8	28.5
山东	龙口	3208	190	2162	9.8	0.31	4.6	5.9	31.8
山东	威海	3050	237	2192	9.9	0.32	4.5	8.0	36.3
山东	成山头	2978	229	1903	10.3	0.35	5.4	10.1	49.9
山东	莘县	2719	143	2082	8.3	0.31	4.0	4.1	30.3
山东	济南	2971	183	2564	8.3	0.28	3.2	5.4	31.1
山东	潍坊	3010	181	2175	9.1	0.30	4.2	4.0	22.8
山东	兖州	2948	195	2203	8.8	0.30	4.0	4.8	26.1
山东	莒县	3127	296	2449	8.6	0.28	3.8	5.0	21.7
山西	兴县	3587	157	1841	7.8	0.22	4.2	2.6	17.0
山西	离石	3410	167	1906	7.9	0.23	4.1	2.6	15.8
山西	太原	3465	151	2045	8.0	0.23	3.9	2.3	15.8
山西	榆社	3411	170	1715	8.1	0.24	4.7	3.1	18.4
山西	隰县	3468	171	1802	8.3	0.24	4.6	3.0	17.4
山西	介休	3147	157	2139	7.8	0.25	3.7	2.6	16.8
山西	临汾	2901	162	2309	7.7	0.27	3.4	3.5	22.1
山西	运城	2768	194	2325	7.6	0.28	3.3	4.1	21.4
山西	阳城	3135	202	2038	9.3	0.30	4.6	4.7	23.8
陕西	榆林	3351	136	1815	8.4	0.25	4.6	2.0	16.0
陕西	吴起	3341	180	1754	8.2	0.25	4.7	2.6	15.1
陕西	横山	3432	143	1900	8.3	0.24	4.4	1.9	14.2
陕西	绥德	3319	150	1982	8.2	0.25	4.1	2.2	15.3
陕西	延安	3379	223	2219	8.4	0.25	3.9	3.0	14.0
陕西	洛川	3283	251	1946	8.6	0.26	4.5	4.6	19.0
陕西	武功	2514	220	2205	8.7	0.35	4.0	1.2	5.7
陕西	略阳	2244	228	2264	6.2	0.27	2.7	5.4	25.1
陕西	汉中	1879	252	2228	5.6	0.30	2.5	5.4	23.2

续表

省份	站点名	太阳总辐射 （MJ·m⁻²）	降水量 （mm）	≥0℃积温 （℃·d）	光温潜在产量 （t·hm⁻²）	RUE （g·MJ⁻¹）	HUE [kg·hm⁻²·(℃·d)⁻¹]	雨养潜在产量 （t·hm⁻²）	WUE （kg·hm⁻²·mm⁻¹）
陕西	石泉	2058	273	2288	6.4	0.31	2.8	5.5	21.5
陕西	安康	1891	222	2254	6.2	0.33	2.8	5.4	26.7
四川	都江堰	1449	253	2166	4.5	0.31	2.1	4.6	19.2
四川	雅安	1338	307	2114	4.6	0.34	2.2	4.6	15.9
四川	乐山	1378	254	2360	4.3	0.32	1.9	4.4	20.1
四川	越西	2022	163	1651	8.1	0.40	4.9	5.2	35.7
四川	昭觉	2113	145	1195	9.6	0.45	8.0	6.5	48.1
四川	雷波	1383	148	1470	6.4	0.46	4.4	6.3	47.4
四川	盐源	2855	62	1657	11.3	0.39	6.8	5.1	126.2
四川	西昌	2419	78	2395	9.3	0.38	3.9	3.4	58.1
四川	会理	2689	86	2051	10.9	0.41	5.3	3.5	57.2
四川	广元	1752	167	2350	5.5	0.31	2.3	5.3	36.6
四川	万源	1678	250	1937	5.9	0.35	3.1	5.7	25.1
四川	阆中	1480	219	2242	4.7	0.32	2.1	4.8	23.6
四川	巴中	1547	235	2172	5.3	0.34	2.4	5.3	24.8
四川	遂宁	1380	191	2214	4.4	0.32	2.0	4.4	26.8
四川	南充	1362	235	2212	4.4	0.32	2.0	4.4	22.4
四川	叙永	1306	329	2397	4.4	0.34	1.8	4.5	14.4
天津	天津	3112	123	2161	7.6	0.24	3.5	3.3	28.9
天津	塘沽	3281	139	2212	8.4	0.26	3.8	4.5	35.5
云南	昭通	2455	98	1398	9.3	0.38	6.6	4.8	53.6
云南	丽江	3453	102	2008	11.3	0.33	5.6	4.3	69.8
云南	华坪	3285	64	3112	10.0	0.30	3.2	2.0	57.5
云南	会泽	2757	103	1623	10.5	0.39	6.7	5.1	58.6
云南	腾冲	2859	216	2110	12.2	0.43	5.8	4.1	21.9
云南	保山	3027	176	2327	11.9	0.40	5.1	3.5	22.2
云南	大理	2834	157	2178	11.1	0.39	5.1	5.0	34.5
云南	元谋	2988	68	3373	9.3	0.31	2.8	1.7	39.3
云南	楚雄	2740	126	2440	10.4	0.38	4.3	3.8	41.1

省份	站点名	太阳总辐射 （MJ·m⁻²）	降水量 （mm）	≥0℃积温 （℃·d）	光温潜在产量 （t·hm⁻²）	RUE （g·MJ⁻¹）	HUE [kg·hm⁻²·(℃·d)⁻¹]	雨养潜在产量 （t·hm⁻²）	WUE （kg·hm⁻²·mm⁻¹）
云南	昆明	2731	138	2217	10.3	0.38	4.6	4.7	39.5
云南	沾益	2555	157	2090	9.3	0.37	4.5	4.9	37.5
云南	玉溪	2694	193	2462	9.9	0.38	4.2	4.1	26.7
浙江	杭州	2121	709	2533	4.7	0.22	1.9	4.6	6.8
浙江	平湖	2312	598	2366	5.2	0.23	2.2	5.1	9.2
浙江	慈溪	2219	647	2500	4.8	0.22	1.9	4.7	7.7
浙江	定海	2259	675	2576	4.9	0.22	1.9	4.8	7.6
浙江	金华	2145	773	2606	4.8	0.23	1.9	4.7	6.5
浙江	嵊州	2095	644	2501	4.7	0.23	1.9	4.6	7.6
浙江	鄞州	2148	662	2591	4.7	0.22	1.8	4.6	7.3
浙江	石浦	2417	689	2512	5.0	0.21	2.0	4.9	7.6
浙江	衢州	2026	917	2488	4.9	0.25	2.0	4.9	5.8
浙江	丽水	2114	698	2749	4.1	0.20	1.5	4.1	6.2
浙江	洪家	2278	674	2686	4.6	0.20	1.7	4.5	7.1
浙江	玉环	2252	663	2637	4.7	0.21	1.8	4.7	7.7
重庆	梁平	1353	335	2151	5.0	0.37	2.3	5.0	15.6
重庆	万州	1256	301	2386	4.1	0.33	1.7	4.2	15.0
重庆	酉阳	1364	459	1913	5.7	0.42	3.0	5.7	13.0

注：（1）表中数据为冬小麦研究区域内各站点 1981～2017 年平均值，结果可能会低于期间某一年数值，如光温潜在产量可能低于当地某一年的高产纪录；

（2）表中太阳总辐射、降水量和≥0℃积温均为冬小麦生长季内总量；

（3）RUE 和 HUE 分别为冬小麦光温潜在产量下的光能利用效率和热量资源利用效率；WUE 为冬小麦雨养潜在产量下水分利用效率。

附表 2　春玉米生长季内农业气候资源、潜在产量及资源利用效率

省份	站点名	太阳总辐射 （MJ·m⁻²）	降水量 （mm）	≥10℃积温 （℃·d）	光温潜在产量（t·hm⁻²）	RUE （g·MJ⁻¹）	HUE [kg·hm⁻²·(℃·d)⁻¹]	雨养潜在产量（t·hm⁻²）	WUE （kg·hm⁻²·mm⁻¹）
安徽	砀山	2474	513	2878	15.1	0.61	5.3	7.3	15.4
安徽	亳州	2395	521	2867	14.3	0.60	5.0	7.8	15.7
安徽	宿州	2424	530	2873	14.7	0.61	5.1	8.9	18.1
安徽	阜阳	2292	537	2862	14.0	0.61	4.9	9.9	19.9
安徽	寿县	2397	510	2867	14.1	0.59	4.9	11.2	24.6
安徽	蚌埠	2284	520	2859	14.0	0.61	4.9	11.0	21.2
安徽	滁州	2196	590	2852	13.5	0.62	4.7	11.6	22.0
安徽	六安	2290	571	2874	13.8	0.60	4.8	12.1	23.1
安徽	霍山	2170	666	2847	13.3	0.61	4.7	11.7	19.2
安徽	合肥	2222	522	2861	13.5	0.60	4.7	11.9	24.6
安徽	巢湖	2204	598	2843	13.1	0.59	4.6	12.0	22.3
安徽	安庆	2118	805	2835	13.1	0.62	4.6	12.6	17.3
安徽	宁国	2189	721	2864	13.4	0.61	4.7	11.8	17.8
安徽	屯溪	2094	946	2841	12.8	0.61	4.5	11.9	13.6
北京	北京	2447	455	2660	13.7	0.56	5.1	5.6	12.2
重庆	奉节	2044	639	2624	7.3	0.38	2.8	6.8	11.1
重庆	梁平	1883	661	2628	7.3	0.39	2.8	7.0	11.0
重庆	沙坪坝	1644	680	2594	6.9	0.42	2.7	6.6	9.7
重庆	酉阳	1831	767	2656	7.2	0.39	2.7	7.0	9.7
福建	邵武	2086	1052	3105	9.1	0.44	2.9	8.5	8.5
福建	浦城	2299	978	3115	9.8	0.43	3.1	9.0	10.1
福建	建瓯	2153	906	3091	9.3	0.43	3.0	8.7	10.2
福建	泰宁	2163	989	3104	9.7	0.45	3.1	8.8	9.7
福建	南平	2169	901	3083	10.0	0.46	3.2	9.3	10.9
福建	福州	2103	673	3105	8.9	0.42	2.9	8.3	13.2
福建	上杭	1949	870	3050	9.6	0.49	3.2	9.2	11.3
福建	永安	2033	805	3067	9.7	0.48	3.2	8.9	11.6
福建	屏南	2563	952	3207	14.1	0.55	4.4	12.7	14.3
福建	平潭	2306	646	3137	9.9	0.43	3.2	9.9	17.0
福建	漳州	2109	794	3152	10.2	0.48	3.2	9.8	13.1
福建	崇武	2475	549	3165	11.1	0.45	3.5	11.1	22.2
福建	厦门	2260	810	3130	10.7	0.47	3.4	10.3	12.7
福建	东山	2458	836	3193	11.5	0.47	3.6	11.3	13.6
甘肃	敦煌	2947	33	2666	17.2	0.57	6.5	0.0	0.0
甘肃	瓜州	2843	39	2672	17.4	0.60	6.5	0.0	0.0
甘肃	玉门镇	3336	55	2772	21.1	0.62	7.6	0.0	0.0
甘肃	鼎新	3035	47	2700	18.3	0.59	6.8	0.0	0.0
甘肃	酒泉	3170	73	2766	20.4	0.63	7.4	0.0	0.0

续表

省份	站点名	太阳总辐射（MJ·m⁻²）	降水量（mm）	≥10℃积温（℃·d）	光温潜在产量（t·hm⁻²）	RUE（g·MJ⁻¹）	HUE [kg·hm⁻²·(℃·d)⁻¹]	雨养潜在产量（t·hm⁻²）	WUE（kg·hm⁻²·mm⁻¹）
甘肃	高台	3101	89	2723	19.1	0.60	7.0	0.0	0.0
甘肃	张掖	3065	111	2748	19.5	0.61	7.1	0.0	0.0
甘肃	山丹	3207	171	2782	20.2	0.63	7.3	0.0	0.0
甘肃	武威	2976	134	2752	19.6	0.64	7.1	0.0	0.0
甘肃	民勤	2990	92	2706	19.2	0.62	7.1	0.0	0.0
甘肃	景泰	2954	147	2743	20.2	0.68	7.4	0.0	0.1
甘肃	靖远	2870	173	2699	19.2	0.67	7.1	0.0	0.1
甘肃	榆中	3243	275	2702	18.9	0.58	7.0	0.9	2.4
甘肃	临夏	3113	375	2724	18.7	0.60	6.8	3.7	8.1
甘肃	临洮	3149	363	2756	19.8	0.63	7.1	3.7	8.1
甘肃	环县	2810	314	2718	19.4	0.69	7.1	3.0	7.1
甘肃	平凉	2879	382	2770	20.3	0.70	7.3	5.0	10.8
甘肃	西峰镇	2965	360	2786	21.2	0.72	7.6	8.4	20.4
甘肃	岷县	2764	397	2295	7.9	0.28	3.3	4.1	8.5
广东	南雄	1923	812	3044	9.3	0.48	3.0	8.9	10.3
广东	连州	1815	957	3026	9.4	0.52	3.1	8.5	8.2
广东	韶关	1884	938	3030	9.2	0.49	3.0	9.0	9.1
广东	佛冈	1771	1333	3024	8.8	0.50	2.9	8.8	6.3
广东	连平	1847	991	3063	9.1	0.49	3.0	8.9	8.3
广东	梅县	1925	779	3023	9.6	0.50	3.2	8.8	10.7
广东	广宁	1750	945	3094	9.0	0.51	2.9	8.9	8.6
广东	高要	1725	913	3035	8.8	0.51	2.9	8.8	9.1
广东	广州	1703	1044	3059	8.4	0.49	2.8	8.4	7.8
广东	东源	1890	1126	3052	9.4	0.50	3.1	9.3	7.9
广东	惠阳	1855	990	3060	9.2	0.49	3.0	9.2	9.1
广东	五华	2020	774	3060	10.0	0.50	3.3	9.6	11.7
广东	汕头	2122	836	3091	10.4	0.49	3.4	10.1	12.0
广东	惠来	2179	998	3174	10.7	0.49	3.4	10.5	10.3
广东	信宜	1846	1042	3091	8.9	0.48	2.9	8.8	8.0
广东	罗定	1792	687	3050	8.9	0.50	2.9	8.7	11.7
广东	台山	1916	1040	3092	9.8	0.51	3.2	9.7	9.1
广东	深圳	1928	967	3059	9.9	0.51	3.2	9.8	10.0
广东	汕尾	2067	1085	3150	10.5	0.51	3.3	10.4	9.6
广东	湛江	1908	737	3105	9.6	0.50	3.1	9.5	12.5
广东	阳江	1822	1341	3110	9.0	0.49	2.9	9.0	6.6
广东	电白	1888	753	3077	9.8	0.52	3.2	9.8	12.3
广东	上川岛	2005	1110	3128	10.2	0.51	3.3	10.1	9.1
广东	徐闻	1975	465	3066	10.2	0.52	3.3	7.7	16.8

省份	站点名	太阳总辐射 （MJ·m^{-2}）	降水量 （mm）	≥10℃积温 （℃·d）	光温潜在产 量（t·hm^{-2}）	RUE （g·MJ^{-1}）	HUE [kg·hm^{-2}·(℃·d)$^{-1}$]	雨养潜在产量 （t·hm^{-2}）	WUE （kg·hm^{-2}·mm^{-1}）
广西	桂林	1886	1214	3063	8.7	0.46	2.8	8.7	6.6
广西	河池	1750	794	3043	8.8	0.49	2.9	8.7	10.2
广西	都安	1770	860	3035	9.6	0.55	3.2	9.5	10.5
广西	柳州	1796	819	3012	8.9	0.50	3.0	8.8	10.3
广西	蒙山	1817	1052	3039	8.9	0.49	2.9	8.8	7.9
广西	贺州	1820	898	3027	9.0	0.49	3.0	8.9	9.1
广西	百色	1959	506	3081	9.9	0.51	3.2	6.4	11.9
广西	靖西	2079	713	3076	11.6	0.56	3.8	11.3	14.9
广西	来宾	1732	715	3012	9.1	0.52	3.0	8.9	11.8
广西	桂平	1782	943	3056	9.5	0.54	3.1	9.5	9.4
广西	梧州	1858	820	3006	9.8	0.52	3.2	9.5	10.7
广西	龙州	1788	563	3088	9.5	0.54	3.1	8.7	13.9
广西	南宁	1804	577	3025	9.6	0.53	3.2	9.0	14.9
广西	灵山	1820	751	2998	9.6	0.53	3.2	9.4	12.5
广西	玉林	1746	821	3043	9.0	0.52	3.0	9.0	10.3
广西	东兴	1770	1157	3105	9.6	0.54	3.1	9.6	8.1
广西	钦州	1887	977	3029	10.4	0.56	3.4	10.3	10.1
广西	北海	2024	698	3035	10.9	0.54	3.6	10.5	13.6
广西	涠洲岛	2257	509	3086	12.1	0.54	3.9	11.6	18.7
贵州	威宁	2677	528	2952	11.2	0.42	3.8	10.6	18.9
贵州	盘州	2328	786	2771	10.7	0.46	3.9	10.6	12.5
贵州	桐梓	1950	539	2757	8.7	0.44	3.2	8.4	14.3
贵州	习水	2181	580	2813	10.6	0.48	3.8	10.3	16.3
贵州	毕节	2229	501	2823	11.0	0.49	3.9	10.2	18.5
贵州	遵义	1933	646	2732	8.4	0.43	3.1	8.2	12.7
贵州	湄潭	1877	636	2730	8.4	0.44	3.1	8.2	12.0
贵州	思南	1695	644	2676	7.3	0.43	2.7	7.1	10.3
贵州	铜仁	1662	721	2669	7.0	0.42	2.6	6.8	8.8
贵州	黔西	2073	559	2775	9.7	0.47	3.5	9.5	16.3
贵州	安顺	2237	802	2806	10.5	0.47	3.7	10.5	12.2
贵州	贵阳	1913	667	2749	8.8	0.46	3.2	8.7	12.6
贵州	凯里	1850	695	2689	8.2	0.44	3.0	8.1	10.7
贵州	三穗	1931	580	2707	8.7	0.45	3.2	8.2	12.9
贵州	兴义	2202	722	2738	10.5	0.48	3.8	10.4	13.3
贵州	望谟	1774	736	2613	9.3	0.53	3.6	7.7	9.5
贵州	罗甸	1651	700	2609	8.6	0.52	3.3	7.5	9.8
贵州	独山	1947	753	2748	9.0	0.46	3.3	9.0	11.0
贵州	榕江	1621	696	2629	7.9	0.49	3.0	7.8	10.3

续表

省份	站点名	太阳总辐射（MJ·m⁻²）	降水量（mm）	≥10℃积温（℃·d）	光温潜在产量（t·hm⁻²）	RUE（g·MJ⁻¹）	HUE [kg·hm⁻²·(℃·d)⁻¹]	雨养潜在产量（t·hm⁻²）	WUE（kg·hm⁻²·mm⁻¹）
海南	海口	1925	675	3106	9.7	0.50	3.1	8.2	11.7
海南	东方	2279	720	3078	11.3	0.50	3.7	8.0	11.1
海南	琼中	2193	750	3098	11.5	0.52	3.7	7.0	8.6
海南	琼海	1977	655	3083	10.5	0.53	3.4	9.3	13.5
海南	三亚	2083	541	3052	10.9	0.52	3.6	9.2	16.5
海南	陵水	2077	651	3052	10.8	0.52	3.5	8.8	13.5
河北	张北	2747	316	2282	10.2	0.35	4.3	1.1	2.4
河北	蔚县	3017	324	2800	21.9	0.73	7.8	2.2	5.3
河北	石家庄	2312	427	2643	15.7	0.68	5.9	4.0	8.6
河北	邢台	2323	415	2627	16.1	0.69	6.1	4.2	9.0
河北	丰宁	2929	383	2837	20.6	0.71	7.3	4.4	8.9
河北	围场	3055	375	2801	19.8	0.65	7.1	3.8	8.1
河北	张家口	2749	317	2756	20.1	0.73	7.3	2.4	5.5
河北	怀来	2791	309	2728	19.7	0.71	7.2	2.2	5.0
河北	承德	2580	413	2743	18.0	0.70	6.6	5.0	10.1
河北	遵化	2486	549	2686	17.3	0.69	6.4	7.7	12.2
河北	青龙	2744	551	2740	18.4	0.69	6.7	9.6	15.5
河北	秦皇岛	2650	513	2764	18.0	0.68	6.5	13.8	24.9
河北	廊坊	2441	402	2658	16.6	0.68	6.2	3.5	8.4
河北	唐山	2521	481	2688	17.3	0.69	6.4	7.1	12.8
河北	乐亭	2586	468	2722	17.8	0.69	6.5	8.7	16.6
河北	保定	2364	418	2650	16.1	0.68	6.1	4.4	8.6
河北	饶阳	2471	411	2650	16.5	0.67	6.2	3.2	7.1
河北	南宫	2378	364	2636	16.2	0.69	6.2	2.6	6.3
黑龙江	黑河	2632	430	2506	9.1	0.34	3.6	5.3	11.6
黑龙江	嫩江	2644	407	2484	10.3	0.38	4.1	4.0	8.1
黑龙江	孙吴	2563	447	2297	7.3	0.28	3.0	3.9	6.1
黑龙江	北安	2704	443	2542	11.9	0.43	4.6	6.0	11.3
黑龙江	克山	2796	438	2660	14.3	0.51	5.3	7.0	14.0
黑龙江	富裕	2677	385	2672	14.6	0.54	5.4	6.0	13.6
黑龙江	齐齐哈尔	2714	371	2645	15.4	0.57	5.8	5.9	13.3
黑龙江	海伦	2823	466	2663	14.7	0.52	5.5	8.6	16.4
黑龙江	明水	2687	449	2678	14.8	0.55	5.5	8.0	15.5
黑龙江	伊春	2416	498	2443	9.4	0.39	3.8	7.7	13.2
黑龙江	富锦	2623	379	2704	13.9	0.55	5.1	8.3	19.1
黑龙江	泰来	2623	343	2613	14.8	0.56	5.7	3.9	9.1
黑龙江	绥化	2685	451	2661	15.0	0.56	5.6	9.0	17.2
黑龙江	安达	2587	389	2631	14.3	0.55	5.4	4.4	9.5

续表

省份	站点名	太阳总辐射 (MJ·m⁻²)	降水量 (mm)	≥10℃积温 (℃·d)	光温潜在产 量(t·hm⁻²)	RUE (g·MJ⁻¹)	HUE [kg·hm⁻²·(℃·d)⁻¹]	雨养潜在产量 (t·hm⁻²)	WUE (kg·hm⁻²·mm⁻¹)
黑龙江	铁力	2608	505	2637	13.7	0.51	5.2	10.1	17.4
黑龙江	佳木斯	2581	402	2666	14.4	0.56	5.4	7.8	16.5
黑龙江	依兰	2589	422	2678	14.3	0.55	5.3	8.4	17.0
黑龙江	宝清	2619	365	2761	14.4	0.55	5.3	6.1	14.6
黑龙江	哈尔滨	2523	424	2626	14.2	0.56	5.4	7.9	16.4
黑龙江	通河	2544	440	2658	14.1	0.53	5.3	9.2	17.4
黑龙江	尚志	2613	434	2621	13.9	0.53	5.3	10.4	24.0
黑龙江	鸡西	2647	410	2669	14.6	0.55	5.5	8.2	19.3
黑龙江	虎林	2634	406	2686	14.2	0.54	5.3	10.9	27.6
黑龙江	牡丹江	2482	427	2630	13.9	0.56	5.3	7.8	17.5
黑龙江	绥芬河	2430	439	2323	8.1	0.32	3.3	6.6	13.9
河南	安阳	2188	435	2574	12.2	0.56	4.7	3.4	8.2
河南	新乡	2210	417	2565	12.7	0.57	4.9	3.7	9.8
河南	三门峡	2238	368	2573	12.4	0.55	4.8	3.5	9.3
河南	卢氏	2204	410	2533	12.7	0.55	5.0	4.7	11.6
河南	郑州	2160	440	2560	12.4	0.58	4.9	4.6	10.7
河南	许昌	2164	497	2568	11.9	0.55	4.6	5.2	11.0
河南	开封	2211	436	2553	12.8	0.58	5.0	4.6	11.2
河南	西峡	2137	514	2554	12.3	0.58	4.8	7.3	14.8
河南	南阳	2071	496	2549	12.1	0.58	4.7	7.9	17.1
河南	宝丰	2120	484	2562	11.7	0.55	4.6	5.4	11.4
河南	西华	2198	531	2558	12.4	0.57	4.8	6.7	13.5
河南	驻马店	2052	586	2557	11.6	0.57	4.5	7.9	15.0
河南	信阳	2021	615	2535	12.1	0.60	4.8	10.2	18.9
河南	商丘	2146	490	2568	12.1	0.56	4.7	5.8	12.8
河南	固始	2115	588	2540	12.8	0.60	5.0	10.7	20.3
湖北	房县	2243	446	2773	7.6	0.34	2.7	5.1	11.4
湖北	老河口	2121	415	2811	6.9	0.33	2.5	4.5	11.4
湖北	枣阳	2158	482	2800	7.2	0.33	2.6	4.9	11.2
湖北	巴东	2021	612	2810	7.1	0.35	2.5	6.0	10.1
湖北	钟祥	2110	533	2788	6.8	0.32	2.5	6.1	13.1
湖北	麻城	2181	746	2788	6.9	0.31	2.5	5.8	8.8
湖北	恩施	1991	842	2824	6.9	0.35	2.4	6.4	7.9
湖北	五峰	2277	580	2869	7.7	0.35	2.7	6.9	12.0
湖北	宜昌	2096	594	2804	6.6	0.33	2.4	5.8	10.5
湖北	荆州	2058	550	2787	6.7	0.33	2.4	6.4	12.6
湖北	天门	2034	607	2783	6.7	0.33	2.4	6.2	10.9
湖北	武汉	2115	714	2782	6.9	0.33	2.5	6.4	9.0

续表

省份	站点名	太阳总辐射 （MJ·m⁻²）	降水量 （mm）	≥10℃积温 （℃·d）	光温潜在产量 （t·hm⁻²）	RUE （g·MJ⁻¹）	HUE [kg·hm⁻²·(℃·d)⁻¹]	雨养潜在产量 （t·hm⁻²）	WUE （kg·hm⁻²·mm⁻¹）
湖北	来凤	1933	803	2813	6.6	0.34	2.4	6.4	8.0
湖北	嘉鱼	2047	774	2779	6.6	0.32	2.4	6.2	8.6
湖北	英山	2128	794	2797	6.8	0.32	2.4	5.9	7.5
湖北	黄石	2043	784	2789	6.6	0.32	2.4	6.2	8.7
湖南	桑植	1806	833	2761	8.8	0.49	3.2	8.5	11.2
湖南	石门	1968	764	2749	9.3	0.47	3.4	8.8	12.3
湖南	南县	1937	643	2730	9.2	0.47	3.4	8.9	14.7
湖南	岳阳	1982	711	2721	9.3	0.47	3.4	9.2	14.2
湖南	吉首	1793	814	2739	8.4	0.47	3.1	8.0	10.5
湖南	沅陵	1888	832	2748	9.0	0.48	3.3	8.5	10.8
湖南	安化	1903	931	2753	9.0	0.48	3.3	8.3	9.4
湖南	沅江	1930	690	2731	9.1	0.47	3.3	8.9	13.9
湖南	马坡岭	1888	755	2720	9.0	0.48	3.3	8.5	11.8
湖南	平江	1893	828	2728	8.8	0.47	3.2	8.1	10.4
湖南	芷江	1917	695	2733	9.3	0.48	3.4	8.8	13.3
湖南	邵阳	1935	671	2719	9.2	0.47	3.4	8.7	13.7
湖南	双峰	1882	710	2718	8.7	0.46	3.2	8.2	12.0
湖南	南岳	2465	947	2974	15.3	0.62	5.2	15.3	16.8
湖南	通道	1844	689	2723	9.2	0.50	3.4	9.0	13.1
湖南	武冈	1868	669	2722	8.8	0.47	3.2	8.4	13.0
湖南	零陵	1815	724	2692	9.1	0.50	3.4	8.9	12.9
湖南	衡阳	1820	649	2698	9.0	0.50	3.3	8.7	13.9
湖南	道县	1760	870	2675	9.0	0.51	3.4	8.9	10.7
湖南	郴州	1720	717	2673	8.7	0.50	3.2	8.4	12.3
江苏	赣榆	2649	612	2920	15.9	0.60	5.4	14.2	24.5
江苏	盱眙	2471	580	2879	13.8	0.58	4.8	12.0	23.3
江苏	清江浦	2506	557	2900	13.8	0.57	4.8	11.6	20.9
江苏	射阳	2544	533	2902	14.2	0.56	4.9	12.6	26.3
江苏	南京	2295	610	2878	13.6	0.59	4.7	11.9	21.8
江苏	东台	2420	572	2891	13.0	0.54	4.5	11.7	22.7
江苏	南通	2306	584	2893	12.3	0.53	4.3	11.6	21.7
江苏	吕四港镇	2539	548	2900	13.6	0.54	4.7	12.7	25.3
江苏	常州	2285	603	2870	12.9	0.57	4.5	11.7	21.4
江苏	溧阳	2247	594	2874	13.3	0.59	4.6	12.0	22.0
江苏	吴中	2296	569	2869	13.1	0.57	4.6	12.6	22.6
江西	修水	1969	919	2742	9.2	0.47	3.4	8.3	9.6
江西	吉安	1776	834	2693	8.7	0.49	3.2	8.5	10.8
江西	遂川	1820	704	2681	9.0	0.49	3.3	8.6	12.6

续表

省份	站点名	太阳总辐射 (MJ·m⁻²)	降水量 (mm)	≥10℃积温 (℃·d)	光温潜在产量 (t·hm⁻²)	RUE (g·MJ⁻¹)	HUE [kg·hm⁻²·(℃·d)⁻¹]	雨养潜在产量 (t·hm⁻²)	WUE (kg·hm⁻²·mm⁻¹)
江西	赣州	1782	743	2664	9.3	0.52	3.5	8.9	12.5
江西	庐山	2425	1003	2943	14.2	0.57	4.8	14.2	14.7
江西	鄱阳	1966	876	2723	9.2	0.47	3.4	9.0	11.1
江西	景德镇	1949	995	2729	9.3	0.48	3.4	8.9	9.7
江西	南昌	1997	914	2724	9.4	0.47	3.4	9.2	10.7
江西	樟树	2029	962	2715	9.1	0.47	3.3	8.9	9.5
江西	贵溪	1833	1059	2720	9.0	0.48	3.3	8.7	8.9
江西	玉山	1920	978	2740	8.8	0.46	3.2	8.5	9.4
江西	南城	1841	984	2708	8.8	0.48	3.3	8.6	9.3
江西	广昌	1759	968	2690	8.6	0.49	3.2	8.4	9.2
江西	寻乌	1721	864	2682	9.2	0.53	3.4	8.9	10.8
吉林	白城	2621	323	2604	17.5	0.67	6.7	4.3	12.1
吉林	乾安	2485	354	2586	16.3	0.66	6.3	5.6	13.6
吉林	前郭尔罗斯	2507	359	2591	16.6	0.66	6.4	5.9	15.3
吉林	通榆	2508	322	2569	16.2	0.65	6.3	4.5	12.3
吉林	长岭	2417	350	2506	16.4	0.68	6.5	5.7	14.6
吉林	三岔河	2488	422	2624	17.3	0.70	6.6	8.5	19.1
吉林	双辽	2518	390	2550	16.5	0.65	6.5	6.4	15.6
吉林	四平	2361	478	2552	15.5	0.66	6.1	10.2	21.7
吉林	长春	2509	484	2588	16.9	0.68	6.5	11.2	22.8
吉林	蛟河	2537	544	2641	16.8	0.66	6.4	13.3	25.6
吉林	敦化	2535	485	2518	14.5	0.57	5.7	12.1	25.7
吉林	梅河口	2418	542	2595	16.4	0.66	6.3	12.1	22.3
吉林	桦甸	2432	602	2601	16.4	0.67	6.3	13.9	23.5
吉林	靖宇	2532	602	2507	15.1	0.60	6.0	13.4	22.8
吉林	东岗	2611	611	2417	14.0	0.53	5.7	13.3	22.7
吉林	松江	2525	522	2421	14.3	0.55	5.8	10.9	20.3
吉林	延吉	2469	412	2620	15.9	0.65	6.1	8.3	20.2
吉林	通化	2450	667	2593	16.5	0.67	6.4	15.1	23.6
吉林	临江	2357	604	2577	15.9	0.68	6.2	13.6	23.2
吉林	集安	2297	691	2529	14.9	0.65	5.9	12.4	18.2
吉林	长白	2473	492	2303	11.7	0.45	4.8	8.1	16.2
辽宁	彰武	3125	405	3301	18.7	0.60	5.7	6.5	14.4
辽宁	阜新	3069	388	3280	18.8	0.60	5.7	5.0	11.4
辽宁	开原	3002	554	3277	18.8	0.60	5.7	11.5	19.7
辽宁	清原	3004	604	3212	16.8	0.56	5.2	12.6	21.2
辽宁	朝阳	3100	363	3229	18.5	0.61	5.7	4.4	10.7
辽宁	叶柏寿	3262	379	3266	19.4	0.61	5.9	4.0	9.4

省份	站点名	太阳总辐射（MJ·m⁻²）	降水量（mm）	≥10℃积温（℃·d）	光温潜在产量（t·hm⁻²）	RUE（g·MJ⁻¹）	HUE [kg·hm⁻²·(℃·d)⁻¹]	雨养潜在产量（t·hm⁻²）	WUE（kg·hm⁻²·mm⁻¹）
辽宁	黑山	3061	453	3303	17.3	0.57	5.3	8.3	17.0
辽宁	锦州	3005	455	3257	18.1	0.60	5.6	8.9	17.8
辽宁	鞍山	2897	534	3221	17.7	0.61	5.5	12.0	22.8
辽宁	沈阳	2958	517	3278	17.7	0.60	5.4	11.4	22.3
辽宁	本溪	3028	593	3296	17.7	0.58	5.4	14.0	24.3
辽宁	章党	3045	601	3252	17.7	0.57	5.4	12.8	21.0
辽宁	桓仁	3166	647	3282	17.3	0.56	5.3	14.9	24.3
辽宁	绥中	3024	510	3276	18.0	0.60	5.5	10.5	20.7
辽宁	兴城	3189	468	3317	18.6	0.58	5.6	9.9	20.0
辽宁	营口	3084	487	3264	18.3	0.59	5.6	13.0	27.0
辽宁	熊岳	3098	441	3259	18.5	0.60	5.7	9.0	19.7
辽宁	岫岩	2845	634	3309	15.8	0.55	4.8	13.9	23.3
辽宁	宽甸	3053	819	3265	17.0	0.56	5.2	16.0	21.0
辽宁	丹东	3031	758	3353	17.4	0.57	5.2	17.1	24.3
辽宁	瓦房店	3045	472	3290	17.7	0.58	5.4	11.5	24.4
辽宁	庄河	3099	576	3349	18.2	0.59	5.4	15.3	27.7
辽宁	大连	3123	444	3287	18.5	0.59	5.6	14.8	35.5
内蒙古	小二沟	2451	407	2296	8.4	0.33	3.6	4.2	10.3
内蒙古	科尔沁右翼前旗	2711	343	2402	11.6	0.42	4.8	4.1	11.8
内蒙古	乌兰浩特	2588	329	2420	12.2	0.49	5.0	4.4	13.3
内蒙古	东乌珠穆沁旗	2768	211	2439	13.2	0.46	5.3	0.1	0.2
内蒙古	额济纳旗	2819	26	2698	16.0	0.54	5.9	0.0	0.0
内蒙古	巴音毛道	2736	92	2725	19.6	0.64	7.2	0.0	0.0
内蒙古	二连浩特	3198	111	2831	21.3	0.67	7.5	0.1	0.2
内蒙古	那仁宝力格	2830	186	2295	10.9	0.38	4.6	0.0	0.0
内蒙古	满都拉	3320	137	2852	23.3	0.70	8.2	0.0	0.0
内蒙古	阿巴嘎旗	2910	202	2456	14.1	0.48	5.6	0.1	0.2
内蒙古	苏尼特左旗	3174	141	2744	20.4	0.64	7.4	0.1	0.4
内蒙古	朱日和	3197	162	2799	21.9	0.68	7.8	0.0	0.1
内蒙古	乌拉特中旗	3255	160	2775	21.7	0.66	7.8	0.2	1.0
内蒙古	达尔罕茂明安联合旗	3063	208	2664	17.6	0.57	6.6	0.1	0.4
内蒙古	四子王旗	3286	246	2440	14.6	0.45	5.9	0.2	0.5
内蒙古	化德	2918	263	2303	11.2	0.37	4.7	0.5	1.5
内蒙古	包头	2961	240	2790	21.7	0.72	7.8	1.8	5.8
内蒙古	呼和浩特	3067	321	2830	22.4	0.73	7.9	2.7	7.0
内蒙古	集宁	3061	297	2501	15.3	0.49	6.0	1.3	3.7
内蒙古	吉兰泰	2970	82	2686	17.2	0.57	6.4	0.3	4.9
内蒙古	临河	2936	120	2704	19.5	0.65	7.2	0.0	0.3

续表

省份	站点名	太阳总辐射 （MJ·m⁻²）	降水量 （mm）	≥10℃积温 （℃·d）	光温潜在产量（t·hm⁻²）	RUE （g·MJ⁻¹）	HUE [kg·hm⁻²·(℃·d)⁻¹]	雨养潜在产量（t·hm⁻²）	WUE （kg·hm⁻²·mm⁻¹）
内蒙古	鄂托克旗	2976	211	2773	21.2	0.68	7.6	0.5	2.5
内蒙古	东胜	3281	304	2804	22.4	0.67	8.0	3.4	9.1
内蒙古	阿拉善左旗	3054	166	2759	21.4	0.69	7.8	1.1	5.2
内蒙古	西乌珠穆沁旗	2649	270	2225	9.3	0.34	4.0	0.2	0.6
内蒙古	林西	2692	325	2436	12.8	0.47	5.3	2.3	7.2
内蒙古	开鲁	2457	288	2331	11.4	0.46	4.9	1.1	3.8
内蒙古	通辽	2391	327	2335	11.2	0.47	4.8	2.4	7.2
内蒙古	多伦	2758	313	2247	9.9	0.34	4.3	0.6	1.5
内蒙古	翁牛特旗	2602	300	2374	12.7	0.49	5.3	1.6	5.4
内蒙古	赤峰	2461	320	2331	11.8	0.48	5.1	2.1	6.5
内蒙古	宝国图	2450	356	2345	12.1	0.48	5.2	3.0	8.5
宁夏	惠农	2953	136	2697	19.0	0.65	7.1	0.1	0.4
宁夏	银川	2915	146	2698	19.7	0.68	7.3	0.1	0.9
宁夏	陶乐	2957	137	2687	19.3	0.65	7.2	0.1	0.5
宁夏	中宁	2974	154	2672	19.1	0.64	7.1	0.1	0.3
宁夏	盐池	3009	224	2729	20.3	0.68	7.5	0.7	3.1
宁夏	海原	3242	283	2782	20.8	0.64	7.4	2.4	8.0
宁夏	同心	2969	200	2693	19.5	0.66	7.3	0.2	1.1
陕西	榆林	2785	309	2710	19.1	0.67	7.1	2.6	6.6
陕西	横山	2897	276	2690	18.5	0.66	6.9	1.6	5.2
陕西	绥德	2659	317	2658	17.2	0.65	6.5	3.0	8.5
陕西	延安	2672	393	2672	17.6	0.66	6.6	4.2	10.8
陕西	洛川	2923	416	2735	19.5	0.69	7.1	7.4	18.3
陕西	武功	2205	376	2608	13.9	0.63	5.3	4.5	12.1
陕西	佛坪	2278	577	2669	15.8	0.70	5.9	11.5	20.7
陕西	商州	2340	429	2626	15.5	0.66	5.9	7.1	16.4
陕西	石泉	2079	525	2597	14.3	0.69	5.5	9.9	19.6
陕西	安康	2042	472	2566	13.7	0.68	5.4	9.4	20.4
山东	惠民	2421	454	2650	16.0	0.66	6.0	5.2	11.4
山东	龙口	2637	442	2688	18.3	0.69	6.8	8.9	21.2
山东	成山头	2733	529	2872	17.1	0.62	6.0	16.0	30.3
山东	济南	2295	548	2608	16.6	0.73	6.4	7.8	14.8
山东	沂源	2405	550	2660	17.0	0.71	6.4	7.4	13.9
山东	潍坊	2422	428	2658	15.7	0.65	5.9	5.3	12.3
山东	海阳	2488	519	2738	16.7	0.66	6.1	13.1	25.6
山东	兖州	2441	520	2632	16.4	0.67	6.2	6.0	11.7
山东	莒县	2383	557	2665	16.3	0.68	6.1	9.2	17.4
山东	日照	2527	567	2718	16.4	0.65	6.0	16.0	28.1

省份	站点名	太阳总辐射 （MJ·m⁻²）	降水量 （mm）	≥10℃积温 （℃·d）	光温潜在产量（t·hm⁻²）	RUE （g·MJ⁻¹）	HUE [kg·hm⁻²·(℃·d)⁻¹]	雨养潜在产量 （t·hm⁻²）	WUE （kg·hm⁻²·mm⁻¹）
山西	右玉	2744	333	2431	10.2	0.33	4.1	1.3	3.4
山西	大同	2858	303	2771	17.5	0.59	6.3	1.8	5.3
山西	河曲	2653	311	2678	15.5	0.56	5.8	1.7	4.4
山西	五寨	2845	365	2565	12.9	0.42	4.9	2.4	5.6
山西	兴县	2651	366	2677	15.7	0.59	5.9	3.3	8.3
山西	原平	2558	333	2679	15.2	0.58	5.7	3.8	9.7
山西	太原	2644	327	2655	14.9	0.56	5.6	2.6	7.3
山西	榆社	2651	398	2717	16.0	0.59	5.9	4.6	10.2
山西	隰县	2687	362	2682	15.7	0.59	5.9	4.1	10.2
山西	介休	2459	314	2643	13.6	0.55	5.1	2.4	7.3
山西	临汾	2323	324	2590	12.7	0.55	4.9	1.9	5.5
山西	运城	2275	334	2573	12.5	0.55	4.8	2.7	8.0
山西	阳城	2544	396	2620	14.4	0.57	5.5	3.7	9.4
四川	马尔康	2868	509	2755	8.4	0.29	3.0	4.8	9.3
四川	小金	2832	398	2771	10.5	0.37	3.8	2.9	6.9
四川	都江堰	1775	647	2671	7.2	0.41	2.7	7.2	12.0
四川	绵阳	1815	496	2616	7.8	0.43	3.0	6.5	14.6
四川	雅安	1685	962	2558	7.2	0.42	2.8	7.1	7.7
四川	乐山	1748	705	2600	7.5	0.43	2.9	7.1	10.7
四川	木里	2714	551	2758	10.7	0.40	3.9	9.1	17.1
四川	九龙	2875	588	2727	6.9	0.24	2.4	6.6	10.4
四川	越西	2281	744	2733	9.2	0.40	3.4	9.0	12.5
四川	昭觉	2688	721	2837	11.3	0.42	4.0	10.7	15.4
四川	雷波	2095	563	2746	8.9	0.42	3.2	8.9	16.6
四川	宜宾	1740	583	2607	7.4	0.42	2.8	7.0	12.6
四川	盐源	3142	546	2840	11.4	0.36	4.0	9.6	18.4
四川	西昌	2416	690	2585	10.2	0.42	3.9	4.9	7.5
四川	会理	2799	704	2645	10.9	0.39	4.1	7.2	10.8
四川	万源	2090	737	2666	8.0	0.38	3.0	7.0	9.9
四川	阆中	1829	549	2613	7.6	0.42	2.9	6.9	13.9
四川	巴中	1952	603	2619	7.9	0.41	3.0	7.1	12.8
四川	遂宁	1797	509	2603	7.5	0.42	2.9	6.8	14.5
四川	南充	1802	520	2607	7.6	0.42	2.9	7.1	14.4
四川	叙永	1748	576	2592	7.4	0.43	2.9	6.8	12.3
天津	天津	2371	423	2653	16.9	0.71	6.4	5.5	13.6
天津	塘沽	2503	452	2670	17.2	0.69	6.4	10.1	23.3
新疆	和布克赛尔	2966	91	2315	9.5	0.31	3.9	0.1	0.8
新疆	青河	2935	86	2129	10.8	0.34	4.7	0.3	3.6

续表

省份	站点名	太阳总辐射 （MJ·m⁻²）	降水量 （mm）	≥10℃积温 （℃·d）	光温潜在产 量（t·hm⁻²）	RUE （g·MJ⁻¹）	HUE [kg·hm⁻²·(℃·d)⁻¹]	雨养潜在产量 （t·hm⁻²）	WUE （kg·hm⁻²·mm⁻¹）
新疆	克拉玛依	2633	83	2825	15.1	0.58	5.5	0.1	0.8
新疆	温泉	2964	172	2360	12.8	0.42	5.5	0.1	0.6
新疆	精河	2682	69	2720	16.6	0.62	6.1	0.1	1.1
新疆	乌苏	2655	100	2733	16.9	0.63	6.2	0.1	0.6
新疆	蔡家湖	2828	76	2800	15.6	0.54	5.6	0.1	0.8
新疆	奇台	3045	117	2746	17.9	0.59	6.6	0.2	1.6
新疆	伊宁	2948	117	2816	18.4	0.59	6.7	0.5	3.4
新疆	乌鲁木齐	2924	143	2780	19.6	0.67	7.0	0.3	1.8
新疆	巴仑台	3035	195	2786	17.6	0.58	6.2	0.3	1.1
新疆	达坂城	3259	62	2639	19.7	0.60	7.5	0.1	0.7
新疆	七角井	2672	28	2670	15.8	0.56	5.8	0.0	0.0
新疆	库米什	2305	48	2447	15.6	0.57	5.8	0.1	1.3
新疆	焉耆	2815	61	2560	18.5	0.64	7.3	0.1	0.8
新疆	吐鲁番	2450	9	2840	13.1	0.53	4.6	0.1	11.3
新疆	阿克苏	2807	56	2662	18.6	0.66	7.0	0.1	2.7
新疆	轮台	2560	56	2653	16.7	0.65	6.3	0.1	1.4
新疆	库车	2726	57	2666	17.9	0.66	6.7	0.2	2.6
新疆	库尔勒	2749	47	2717	18.1	0.66	6.6	0.4	2.9
新疆	乌恰	3521	132	2781	21.8	0.62	7.8	0.2	1.3
新疆	阿合奇	3245	177	2631	19.6	0.61	7.5	0.1	0.5
新疆	柯坪	2578	90	2627	16.4	0.64	6.2	0.0	0.4
新疆	阿拉尔	2643	44	2595	17.1	0.65	6.6	0.1	0.6
新疆	铁干里克	2562	30	2693	14.6	0.56	5.5	0.0	0.0
新疆	若羌	2673	31	2723	13.8	0.52	5.2	0.1	3.6
新疆	莎车	2731	44	2604	17.9	0.65	6.9	0.2	2.7
新疆	皮山	2576	43	2585	17.1	0.66	6.6	0.1	2.1
新疆	和田	2524	32	2623	17.0	0.67	6.5	0.1	1.9
新疆	民丰	2653	38	2618	16.1	0.61	6.1	0.2	2.1
新疆	且末	2561	23	2648	15.4	0.60	5.9	0.1	6.2
新疆	于田	2698	43	2671	15.0	0.56	5.7	0.0	0.2
新疆	巴里塘	2800	171	2084	10.3	0.35	4.8	0.1	0.3
新疆	哈密	2983	27	2777	16.4	0.55	5.9	0.0	0.0
新疆	红柳河	3316	39	2772	20.7	0.61	7.5	0.0	0.0
云南	贡山	1984	843	2779	9.8	0.49	3.5	9.7	12.0
云南	维西	2608	466	2915	13.2	0.51	4.5	12.6	28.3
云南	丽江	3036	559	2886	13.5	0.45	4.7	11.8	22.4
云南	会泽	2973	485	2853	13.8	0.47	4.9	12.4	26.2
云南	腾冲	2677	848	2792	13.2	0.49	4.7	11.7	14.1

续表

省份	站点名	太阳总辐射 （MJ·m⁻²）	降水量 （mm）	≥10℃积温 （℃·d）	光温潜在产 量（t·hm⁻²）	RUE （g·MJ⁻¹）	HUE [kg·hm⁻²·(℃·d)⁻¹]	雨养潜在产量 （t·hm⁻²）	WUE （kg·hm⁻²·mm⁻¹）
云南	保山	2867	466	2736	13.5	0.47	4.9	8.2	18.2
云南	大理	2786	502	2775	13.8	0.50	5.0	9.7	20.1
云南	楚雄	2680	481	2712	13.2	0.50	4.9	6.2	13.1
云南	昆明	2803	535	2763	13.7	0.49	5.0	9.4	19.3
云南	沾益	2631	520	2766	12.7	0.48	4.6	11.1	23.0
云南	瑞丽	2510	858	2665	12.1	0.48	4.5	2.3	2.7
云南	景东	2490	572	2664	12.2	0.49	4.6	2.6	4.6
云南	玉溪	2673	479	2718	13.3	0.50	4.9	6.9	14.3
云南	泸西	2572	486	2717	12.9	0.50	4.7	9.5	20.7
云南	临沧	2750	593	2723	13.5	0.49	5.0	3.9	6.6
云南	澜沧	2548	827	2656	12.0	0.47	4.5	1.9	2.3
云南	景洪	2085	573	2621	10.5	0.50	4.0	1.6	3.0
云南	思茅	2612	787	2627	12.7	0.49	4.8	4.1	5.3
云南	元江	2046	418	2653	9.8	0.48	3.7	1.9	4.9
云南	勐腊	2020	796	2692	10.5	0.52	3.9	3.1	4.3
云南	江城	2340	1198	2687	12.1	0.52	4.5	6.7	5.7
云南	蒙自	2371	442	2683	12.5	0.53	4.7	7.1	16.3
云南	屏边	2333	855	2715	12.6	0.54	4.7	12.4	13.7
浙江	杭州	2107	662	2861	11.9	0.56	4.1	11.1	17.9
浙江	平湖	2346	581	2878	12.5	0.53	4.4	12.0	22.9
浙江	慈溪	2250	576	2872	12.4	0.55	4.3	11.3	21.1
浙江	嵊泗	2502	493	2927	13.2	0.52	4.5	12.9	30.0
浙江	定海	2356	579	2891	12.4	0.52	4.3	11.9	22.8
浙江	金华	2115	724	2835	12.8	0.61	4.5	12.1	18.0
浙江	嵊州	2139	629	2858	12.0	0.56	4.2	10.8	18.2
浙江	鄞州	2155	637	2863	11.8	0.55	4.1	11.2	18.9
浙江	石浦	2333	647	2893	13.0	0.56	4.5	12.8	19.7
浙江	衢州	2066	871	2839	12.5	0.60	4.4	11.8	15.0
浙江	丽水	1972	677	2830	12.3	0.62	4.3	10.9	17.3
浙江	洪家	2137	657	2855	12.0	0.56	4.2	11.8	19.5
浙江	大陈岛	2394	551	2914	13.8	0.57	4.7	13.8	28.3
浙江	玉环	2271	667	2895	13.2	0.58	4.5	13.2	19.8

注：（1）表中数据为春玉米研究区域内各站点 1981～2017 年平均值，结果可能会低于期间某一年数值，如光温潜在产量可能低于当地某一年的高产纪录；

（2）表中太阳总辐射、降水量和≥10℃积温均为春玉米生长季内总量；

（3）RUE 和 HUE 分别为春玉米光温潜在产量下的光能利用效率和热量资源利用效率；WUE 为春玉米雨养潜在产量下水分利用效率。

附表3 夏玉米生长季内农业气候资源、潜在产量及资源利用效率

省份	站点名	太阳总辐射 （MJ·m⁻²）	降水量 （mm）	≥10℃积温 （℃·d）	光温潜在产量 （t·hm⁻²）	RUE （g·MJ⁻¹）	HUE [kg·hm⁻²·(℃·d)⁻¹]	雨养潜在产量 （t·hm⁻²）	WUE （kg·hm⁻²·mm⁻¹）
安徽	砀山	1595	447	2558	9.6	0.60	3.7	9.3	22.8
安徽	亳州	1526	461	2551	8.6	0.56	3.4	8.2	19.5
安徽	宿州	1557	493	2549	8.9	0.57	3.5	8.5	19.4
北京	北京	1835	441	2563	10.2	0.56	4.0	8.9	22.9
河北	石家庄	1636	377	2528	8.9	0.55	3.5	7.9	23.4
河北	邢台	1669	360	2517	9.0	0.54	3.6	7.7	23.7
河北	遵化	1933	497	2581	11.3	0.60	4.4	10.4	23.0
河北	廊坊	1811	406	2538	10.2	0.59	4.0	8.2	22.7
河北	唐山	1708	380	2571	11.2	0.67	4.4	10.5	30.1
河北	乐亭	1867	437	2585	11.7	0.64	4.5	11.1	27.5
河北	保定	1846	418	2531	9.5	0.52	3.8	8.4	23.3
河北	饶阳	1743	376	2528	10.4	0.62	4.1	8.6	25.6
河北	黄骅	1600	370	2528	10.3	0.64	4.1	9.5	28.2
河北	南宫	1734	316	2520	9.9	0.57	3.9	7.8	25.2
河南	安阳	1582	381	2607	8.6	0.54	3.3	8.0	23.2
河南	新乡	1588	363	2592	8.8	0.55	3.4	8.2	25.8
河南	三门峡	1765	314	2609	10.1	0.57	3.9	8.5	29.1
河南	卢氏	1730	369	2591	10.6	0.61	4.1	9.2	26.5
河南	孟津	1638	329	2628	10.1	0.62	3.9	9.3	31.7
河南	许昌	1570	421	2571	9.1	0.58	3.5	8.5	23.5
河南	开封	1615	377	2580	9.1	0.56	3.5	8.5	25.7
河南	西峡	1681	465	2545	9.5	0.56	3.7	8.8	20.4
河南	南阳	1615	424	2557	9.3	0.58	3.6	8.5	23.3
河南	宝丰	1592	408	2593	9.2	0.58	3.5	8.3	23.2
河南	西华	1688	465	2557	9.6	0.57	3.8	9.1	21.6
河南	驻马店	1575	530	2565	9.0	0.57	3.5	8.3	19.1
河南	商丘	1475	411	2571	9.0	0.61	3.5	8.7	23.6
江苏	徐州	1585	511	2532	9.5	0.60	3.7	9.3	20.3
江苏	赣榆	1642	579	2572	10.8	0.66	4.2	10.7	20.2
山东	惠民	1627	401	2594	10.4	0.64	4.0	9.6	25.5
山东	龙口	1714	392	2643	11.2	0.66	4.3	11.0	31.0
山东	威海	1583	453	2658	10.8	0.69	4.1	10.8	28.9
山东	成山头	1496	419	2780	11.7	0.79	4.2	11.7	33.8
山东	朝阳	1535	330	2560	9.1	0.59	3.6	8.3	26.4
山东	济南	1488	477	2562	8.9	0.60	3.5	8.7	20.6
山东	潍坊	1601	385	2585	9.3	0.59	3.6	8.7	24.8

省份	站点名	太阳总辐射 （MJ·m⁻²）	降水量 （mm）	≥10℃积温 （℃·d）	光温潜在产量 （t·hm⁻²）	RUE （g·MJ⁻¹）	HUE [kg·hm⁻²·(℃·d)⁻¹]	雨养潜在产量 （t·hm⁻²）	WUE （kg·hm⁻²·mm⁻¹）
山东	青岛	1426	408	2609	9.3	0.66	3.6	9.3	27.6
山东	兖州	1485	450	2554	9.9	0.68	3.9	9.2	23.4
山东	莒县	1540	439	2583	10.0	0.66	3.9	9.8	26.2
山东	日照	1443	489	2607	10.8	0.76	4.2	10.8	24.9
天津	天津	1820	363	2527	9.8	0.55	3.9	9.4	29.9
天津	塘沽	1772	364	2536	10.2	0.59	4.0	10.0	32.4

注：（1）表中数据为夏玉米研究区域内各站点1981～2017年平均值，结果可能会低于期间某一年数值，如光温潜在产量可能低于当地某一年的高产纪录；

（2）表中太阳总辐射、降水量和≥10℃积温均为夏玉米生长季内总量；

（3）RUE和HUE分别为夏玉米光温潜在产量下的光能利用效率和热量资源利用效率；WUE为夏玉米雨养潜在产量下水分利用效率。

附表 4　单季稻生长季内气候资源、潜在产量及资源利用效率

省份	站点名	太阳总辐射（MJ·m⁻²）	≥10℃积温（℃·d）	光温潜在产量（t·hm⁻²）	RUE（g·MJ⁻¹）	HUE[kg·hm⁻²·(℃·d)⁻¹]
安徽	砀山	2589	3400	11.2	0.43	3.3
安徽	亳州	2452	3698	9.8	0.40	2.7
安徽	宿州	2518	3594	10.0	0.40	2.8
安徽	阜阳	1998	3885	9.0	0.45	2.3
安徽	寿县	2160	3002	10.0	0.46	3.3
安徽	蚌埠	2100	3515	9.5	0.45	2.7
安徽	滁州	2123	3540	8.6	0.41	2.4
安徽	六安	2260	3687	9.1	0.40	2.5
安徽	霍山	2103	3644	9.0	0.43	2.5
安徽	合肥	2078	3782	8.6	0.42	2.3
安徽	巢湖	2094	3793	8.7	0.42	2.3
安徽	安庆	2241	3769	9.4	0.42	2.5
安徽	宁国	2271	3747	9.7	0.43	2.6
安徽	屯溪	2220	3783	9.6	0.43	2.5
黑龙江	北安	2368	1039	16.9	0.71	16.3
黑龙江	克山	2368	1129	16.8	0.71	15.0
黑龙江	富裕	2317	1201	15.8	0.68	13.3
黑龙江	齐齐哈尔	2487	1291	15.3	0.62	11.9
黑龙江	海伦	2388	1116	17.3	0.73	15.6
黑龙江	明水	2305	1171	15.8	0.68	13.6
黑龙江	伊春	1874	969	14.3	0.76	14.8
黑龙江	富锦	1996	1163	13.2	0.70	11.4
黑龙江	泰来	2396	1338	14.9	0.62	11.1
黑龙江	绥化	2126	1209	13.2	0.62	11.1
黑龙江	安达	2116	1268	13.9	0.66	11.1
黑龙江	铁力	2008	1102	14.7	0.73	13.4
黑龙江	佳木斯	2000	1189	14.2	0.71	12.0
黑龙江	依兰	1983	1156	14.1	0.71	12.3
黑龙江	宝清	2039	1190	14.3	0.70	12.1
黑龙江	通河	1970	1136	14.4	0.73	12.7
黑龙江	鸡西	1995	1126	14.6	0.73	13.0
黑龙江	虎林	1966	1116	13.4	0.68	12.0
黑龙江	牡丹江	1987	1169	14.6	0.73	12.5
湖北	郧西	2503	3742	10.8	0.44	2.9
湖北	房县	2316	3840	12.4	0.53	3.2
湖北	老河口	2221	3864	10.2	0.46	2.6
湖北	枣阳	2214	3397	10.7	0.49	3.2
湖北	巴东	2219	3371	9.9	0.45	2.9

续表

省份	站点名	太阳总辐射（MJ·m⁻²）	≥10℃积温（℃·d）	光温潜在产量（t·hm⁻²）	RUE（g·MJ⁻¹）	HUE[kg·hm⁻²·(℃·d)⁻¹]
湖北	钟祥	2220	3435	10.9	0.50	3.2
湖北	广水	2246	3619	10.9	0.49	3.0
湖北	麻城	2077	3529	11.0	0.53	3.1
湖北	恩施	2317	3476	10.8	0.47	3.1
湖北	五峰	1935	3522	13.2	0.69	3.8
湖北	宜昌	2132	3531	9.9	0.49	2.8
湖北	荆州	2167	3604	10.7	0.50	3.0
湖北	天门	2189	3670	10.6	0.49	2.9
湖北	武汉	2088	3502	10.9	0.53	3.1
湖北	来凤	2165	3838	10.6	0.49	2.8
吉林	白城	2380	1344	17.3	0.73	12.9
吉林	乾安	2155	1381	14.8	0.69	10.8
吉林	前郭尔罗斯	2218	1390	15.1	0.68	10.9
吉林	通榆	2201	1402	15.5	0.70	11.1
吉林	长岭	2141	1363	14.6	0.68	10.7
吉林	三岔河	2019	1266	14.6	0.73	11.6
吉林	双辽	2181	1375	14.5	0.66	10.6
吉林	四平	2026	1388	13.2	0.65	9.5
吉林	长春	2115	1324	14.4	0.68	10.9
吉林	蛟河	1941	1120	14.4	0.74	12.9
吉林	梅河口	1965	1223	14.2	0.72	11.7
吉林	桦甸	2018	1204	14.6	0.72	12.1
吉林	靖宇	2007	1001	16.5	0.82	16.6
吉林	通化	1958	1174	14.3	0.73	12.2
吉林	集安	1819	1251	13.5	0.75	10.8
江苏	徐州	2612	3652	11.4	0.44	3.1
江苏	赣榆	2647	3573	12.7	0.48	3.6
江苏	盱眙	2461	3670	10.8	0.44	2.9
江苏	射阳	2580	3340	11.7	0.46	3.5
江苏	南京	2267	3667	9.6	0.42	2.6
江苏	高邮	2525	3359	10.7	0.42	3.2
江苏	东台	2457	3810	11.0	0.45	2.9
江苏	南通	2223	3824	9.6	0.44	2.5
江苏	吕四港镇	2421	3603	11.0	0.46	3.1
江苏	常州	2252	3710	9.4	0.42	2.5
江苏	溧阳	2205	3684	9.3	0.42	2.5
江苏	吴中	2404	3627	9.9	0.41	2.7
辽宁	彰武	2165	1465	17.3	0.80	11.9

续表

省份	站点名	太阳总辐射（MJ·m⁻²）	≥10℃积温（℃·d）	光温潜在产量（t·hm⁻²）	RUE（g·MJ⁻¹）	HUE[kg·hm⁻²·(℃·d)⁻¹]
辽宁	阜新	2248	1498	18.4	0.82	12.3
辽宁	开原	2126	1414	17.8	0.84	12.7
辽宁	清原	1943	1258	18.1	0.93	14.5
辽宁	朝阳	2209	1570	18.1	0.82	11.6
辽宁	叶柏寿	2275	1483	19.7	0.87	13.3
辽宁	黑山	2179	1483	16.7	0.77	11.3
辽宁	锦州	2210	1586	15.6	0.71	9.9
辽宁	鞍山	2295	1647	14.8	0.68	9.0
辽宁	沈阳	2058	1514	15.6	0.76	10.4
辽宁	本溪	2029	1434	15.9	0.79	11.2
辽宁	章党	2059	1352	17.7	0.86	13.2
辽宁	桓仁	2076	1252	17.6	0.89	14.2
辽宁	绥中	2150	1531	15.6	0.72	10.2
辽宁	兴城	2206	1492	16.1	0.73	10.8
辽宁	营口	2281	1606	15.1	0.66	9.4
辽宁	熊岳	2170	1550	15.3	0.70	9.9
辽宁	宽甸	1890	1278	15.0	0.79	11.8
辽宁	丹东	2021	1507	16.7	0.83	11.9
辽宁	瓦房店	2060	1512	14.6	0.71	9.7
辽宁	庄河	1993	1444	14.5	0.73	10.1
辽宁	大连	2158	1539	13.8	0.64	9.0

注：（1）表中数据为单季稻研究区域内各站点 1981～2017 年平均值，结果可能会低于期间某一年数值，如光温潜在产量可能低于当地某一年的高产纪录；

（2）表中太阳总辐射、降水量和≥10℃积温均为单季稻生长季内总量；

（3）RUE 和 HUE 分别为单季稻光温潜在产量下的光能利用效率和热量资源利用效率。

附表 5　双季早稻生长季内气候资源、潜在产量及资源利用效率

省份	站点名	太阳总辐射（MJ·m⁻²）	≥10℃积温（℃·d）	光温潜在产量（t·hm⁻²）	RUE（g·MJ⁻¹）	HUE[kg·hm⁻²·(℃·d)⁻¹]
福建	浦城	2188	2932	11.0	0.50	3.8
福建	建瓯	1897	2755	10.6	0.56	3.8
福建	福鼎	1931	2694	10.4	0.54	3.9
福建	泰宁	1628	2363	10.8	0.66	4.6
福建	南平	2225	3186	10.6	0.50	3.5
福建	福州	1581	2636	8.6	0.54	3.3
福建	长汀	1530	2767	10.4	0.68	3.8
福建	上杭	1592	2935	10.2	0.64	3.5
福建	永安	1718	2902	10.8	0.63	3.7
广东	连州	1518	2978	9.5	0.62	3.2
广东	佛冈	1443	2935	8.9	0.62	3.0
广东	连平	1338	2715	9.5	0.72	3.5
广东	梅县	1675	2974	9.8	0.59	3.3
广东	广宁	1428	3142	8.6	0.61	2.8
广东	高要	1455	3152	8.2	0.56	2.6
广东	河源	1494	2979	8.7	0.58	2.9
广东	增城	1453	2997	8.5	0.59	2.8
广东	惠阳	1488	3014	8.3	0.56	2.8
广东	五华	1704	2959	10.0	0.59	3.4
广东	惠来	1752	2947	9.7	0.55	3.3
广东	信宜	1555	3130	8.5	0.55	2.7
广东	罗定	1435	2992	8.5	0.59	2.9
广东	台山	1653	3145	9.0	0.55	2.9
广东	阳江	1452	3053	8.1	0.56	2.7
广东	电白	1744	3144	9.5	0.54	3.0
广西	桂林	1439	2791	9.2	0.65	3.3
广西	河池	1540	3097	8.6	0.56	2.8
广西	柳州	1655	3071	9.6	0.58	3.1
广西	蒙山	1405	2790	9.3	0.66	3.3
广西	贺州	1402	2742	9.5	0.68	3.5
广西	那坡	1780	2958	10.0	0.56	3.4
广西	百色	1929	3376	9.6	0.50	2.9
广西	靖西	1802	2987	10.4	0.58	3.5
广西	来宾	1597	3077	8.7	0.54	2.8
广西	桂平	1551	2977	9.3	0.61	3.2
广西	龙州	1824	3375	9.6	0.53	2.9
广西	南宁	1687	3174	9.2	0.55	2.9
广西	灵山	1710	3088	9.5	0.56	3.1

省份	站点名	太阳总辐射（MJ·m⁻²）	≥10℃积温（℃·d）	光温潜在产量（t·hm⁻²）	RUE（g·MJ⁻¹）	HUE[kg·hm⁻²·(℃·d)⁻¹]
广西	玉林	1586	3091	9.2	0.58	3.0
广西	钦州	1736	3040	9.3	0.54	3.1
海南	徐闻	1646	2905	9.5	0.58	3.3
海南	儋州	1855	3111	10.1	0.54	3.2
海南	琼中	2320	3264	11.4	0.49	3.5
海南	琼海	2028	3082	10.9	0.54	3.5
海南	陵水	1866	2775	11.0	0.59	4.0
湖南	桑植	1202	2219	7.4	0.62	3.3
湖南	石门	1398	2311	8.1	0.58	3.5
湖南	南县	1338	2257	7.7	0.59	3.4
湖南	岳阳	1398	2288	7.9	0.57	3.5
湖南	吉首	1306	2399	7.6	0.58	3.2
湖南	沅陵	1296	2239	8.2	0.64	3.7
湖南	常德	1420	2335	7.9	0.56	3.4
湖南	安化	1305	2214	8.1	0.62	3.7
湖南	沅江	1418	2375	7.7	0.55	3.2
湖南	长沙	1483	2533	7.8	0.53	3.1
湖南	平江	1461	2485	7.9	0.54	3.2
湖南	芷江	1416	2388	8.3	0.59	3.5
湖南	邵阳	1546	2536	8.4	0.55	3.3
湖南	双峰	1520	2587	7.8	0.52	3.0
湖南	通道	1486	2536	8.2	0.56	3.3
湖南	武冈	1416	2431	8.0	0.56	3.3
湖南	永州	1638	2631	8.7	0.53	3.3
湖南	衡阳	1609	2608	8.5	0.53	3.3
湖南	道县	1611	2634	8.5	0.53	3.2
湖南	郴州	1590	2684	8.1	0.52	3.0
江西	修水	1493	2349	9.0	0.60	3.8
江西	宜春	1493	2349	9.0	0.60	3.8
江西	吉安	1456	2569	8.3	0.57	3.2
江西	遂川	1524	2582	8.7	0.57	3.4
江西	赣州	1522	2618	8.7	0.58	3.3
江西	鄱阳	1519	2446	8.6	0.57	3.5
江西	景德镇	1797	2703	8.7	0.48	3.2
江西	南昌	1562	2453	9.0	0.58	3.7
江西	樟树	1539	2599	8.5	0.55	3.3
江西	贵溪	1437	2508	8.4	0.58	3.3
江西	玉山	1519	2541	8.7	0.57	3.4
江西	南城	1441	2485	8.8	0.61	3.5

省份	站点名	太阳总辐射（MJ·m⁻²）	≥10℃积温（℃·d）	光温潜在产量（t·hm⁻²）	RUE（g·MJ⁻¹）	HUE[kg·hm⁻²·(℃·d)⁻¹]
江西	广昌	1416	2523	8.3	0.59	3.3
江西	寻乌	1470	2700	8.7	0.60	3.2
浙江	杭州	1567	2468	6.9	0.44	2.8
浙江	平湖	1680	2345	8.6	0.52	3.7
浙江	慈溪	1618	2423	7.5	0.47	3.1
浙江	定海	1668	2393	8.3	0.51	3.5
浙江	金华	1693	2506	7.7	0.46	3.1
浙江	嵊州	1556	2448	7.2	0.47	3.0
浙江	鄞州	1620	2559	7.2	0.44	2.8
浙江	石浦	1794	2365	9.2	0.52	3.9
浙江	衢州	1693	2605	8.0	0.48	3.1
浙江	丽水	1676	2607	7.1	0.43	2.8
浙江	洪家	1728	2495	9.0	0.52	3.6
浙江	玉环	1717	2370	9.4	0.55	3.9

注：（1）表中数据为双季早稻研究区域内各站点 1981～2017 年平均值，结果可能会低于期间某一年数值，如光温潜在产量可能低于当地某一年的高产纪录；

（2）表中太阳总辐射、降水量和≥10℃积温均为双季早稻生长季内总量；

（3）RUE 和 HUE 分别为双季早稻光温潜在产量下的光能利用效率和热量资源利用效率。

附表6 双季晚稻生长季内气候资源、潜在产量及资源利用效率

省份	站点名	太阳总辐射（MJ·m⁻²）	≥10℃积温（℃·d）	光温潜在产量（t·hm⁻²）	RUE（g·MJ⁻¹）	HUE[kg·hm⁻²·(℃·d)⁻¹]
福建	浦城	2409	3394	12.5	0.52	3.7
福建	建瓯	2333	3380	10.7	0.46	3.2
福建	福鼎	2029	3077	9.7	0.48	3.2
福建	泰宁	2173	3123	12.0	0.56	3.9
福建	南平	2428	3569	9.9	0.41	2.8
福建	福州	1872	3381	7.2	0.39	2.1
福建	长汀	1994	3271	10.2	0.51	3.1
福建	上杭	2064	3444	8.9	0.43	2.6
福建	永安	2047	3417	8.9	0.43	2.6
广东	连州	1675	2938	8.6	0.51	2.9
广东	佛冈	1862	3128	9.8	0.52	3.1
广东	连平	1754	3016	8.7	0.49	2.9
广东	梅县	1749	2952	9.7	0.56	3.3
广东	广宁	1838	3319	9.6	0.53	2.9
广东	高要	1850	3485	8.3	0.45	2.4
广东	河源	1765	3198	9.1	0.52	2.9
广东	增城	1787	3165	9.5	0.53	3.0
广东	惠阳	1769	3218	8.9	0.51	2.8
广东	五华	1734	2936	9.7	0.56	3.3
广东	惠来	1804	3058	9.2	0.51	3.1
广东	信宜	1717	3050	9.0	0.53	3.0
广东	罗定	1672	3136	8.7	0.52	2.8
广东	台山	1914	3410	8.7	0.46	2.6
广东	阳江	1886	3424	8.5	0.46	2.5
广东	电白	2081	3471	8.6	0.42	2.5
广西	桂林	1725	2935	9.1	0.53	3.1
广西	河池	1658	3054	7.6	0.46	2.5
广西	柳州	1907	3227	8.3	0.45	2.6
广西	蒙山	1694	2856	8.8	0.52	3.1
广西	贺州	1703	2882	8.8	0.52	3.1
广西	那坡	1556	2668	10.3	0.68	3.9
广西	百色	1791	3093	7.9	0.45	2.6
广西	靖西	1715	2762	10.4	0.62	3.8
广西	来宾	1854	3181	9.4	0.52	3.0
广西	桂平	1941	3233	9.3	0.49	2.9
广西	龙州	1847	3124	8.9	0.49	2.9
广西	南宁	1930	3327	9.1	0.48	2.8
广西	灵山	1912	3094	9.8	0.52	3.2

省份	站点名	太阳总辐射（MJ·m⁻²）	≥10℃积温（℃·d）	光温潜在产量（t·hm⁻²）	RUE（g·MJ⁻¹）	HUE[kg·hm⁻²·(℃·d)⁻¹]
广西	玉林	1792	3037	9.4	0.52	3.1
广西	钦州	2006	3262	9.4	0.47	2.9
海南	徐闻	2301	3831	8.3	0.36	2.2
海南	儋州	1851	3207	8.3	0.45	2.6
海南	琼中	2092	3270	9.2	0.44	2.8
海南	琼海	2494	3831	8.5	0.34	2.2
海南	陵水	2261	3518	8.8	0.39	2.5
湖南	桑植	1553	2974	8.5	0.55	2.9
湖南	石门	1741	3079	8.8	0.51	2.9
湖南	南县	1746	3117	8.6	0.50	2.8
湖南	岳阳	1833	3176	8.6	0.47	2.7
湖南	吉首	1648	2942	8.7	0.53	3.0
湖南	沅陵	1709	2979	8.9	0.52	3.0
湖南	常德	1750	3050	8.8	0.51	2.9
湖南	安化	1637	2915	8.9	0.55	3.1
湖南	沅江	1631	2900	8.4	0.52	2.9
湖南	长沙	1755	3082	8.6	0.49	2.8
湖南	平江	1755	3009	9.0	0.51	3.0
湖南	芷江	1787	2924	9.5	0.54	3.3
湖南	邵阳	1780	2955	9.1	0.51	3.1
湖南	双峰	1706	2938	8.7	0.52	3.0
湖南	通道	1596	2619	9.6	0.61	3.7
湖南	武冈	1721	2936	8.9	0.52	3.0
湖南	永州	1892	2990	9.1	0.48	3.0
湖南	衡阳	2092	3398	8.7	0.42	2.6
湖南	道县	1796	2814	8.8	0.49	3.1
湖南	郴州	1776	3017	8.3	0.47	2.8
江西	修水	1700	2810	8.0	0.47	2.9
江西	宜春	1700	2810	8.0	0.47	2.9
江西	吉安	1812	3126	7.0	0.40	2.3
江西	遂川	1832	3084	7.3	0.41	2.4
江西	赣州	1783	2942	7.2	0.41	2.5
江西	鄱阳	2052	3338	7.7	0.38	2.3
江西	景德镇	2098	3279	7.4	0.36	2.3
江西	南昌	2023	3248	7.9	0.38	2.4
江西	樟树	1928	3266	7.3	0.38	2.2
江西	贵溪	1968	3403	7.2	0.36	2.1
江西	玉山	1999	3365	7.6	0.38	2.3
江西	南城	2000	3296	7.5	0.38	2.3

续表

省份	站点名	太阳总辐射（MJ·m^{-2}）	≥10℃积温（℃·d）	光温潜在产量（t·hm^{-2}）	RUE（g·MJ^{-1}）	HUE[kg·hm^{-2}·(℃·d)$^{-1}$]
江西	广昌	1967	3320	7.1	0.37	2.2
江西	寻乌	1656	2734	7.5	0.46	2.8
浙江	杭州	1845	3327	5.5	0.30	1.6
浙江	平湖	2053	3275	6.3	0.31	1.9
浙江	慈溪	1924	3337	5.5	0.29	1.7
浙江	定海	1937	3255	5.5	0.29	1.7
浙江	金华	2111	3371	6.7	0.32	2.0
浙江	嵊州	1886	3280	5.8	0.31	1.8
浙江	鄞州	1840	3330	5.1	0.28	1.5
浙江	石浦	2154	3233	6.7	0.31	2.1
浙江	衢州	2030	3225	6.9	0.34	2.2
浙江	丽水	1963	3271	6.5	0.33	2.0
浙江	洪家	2154	3402	6.4	0.30	1.9
浙江	玉环	2216	3341	6.5	0.29	1.9

注：（1）表中数据为双季晚稻研究区域内各站点 1981～2017 年平均值，结果可能会低于期间某一年数值，如光温潜在产量可能低于当地某一年的高产纪录；

（2）表中太阳总辐射、降水量和≥10℃积温均为双季晚稻生长季内总量；

（3）RUE 和 HUE 分别为双季晚稻光温潜在产量下的光能利用效率和热量资源利用效率。